世界最佳

艺术木勺

[美]诺曼·斯蒂文斯 / 著　连幸福 / 译

中原农民出版社

·郑州·

著作权合同登记号：豫著许可备字 –2017–A–0218

图书在版编目（CIP）数据

世界最佳艺术木勺 /（美）诺曼·斯蒂文斯著；连幸福译 . — 郑州：中原
农民出版社，2018.10

ISBN 978-7-5542-2003-0

Ⅰ .①世… Ⅱ .①诺… ②连… Ⅲ .①木制品—餐具—制作 Ⅳ .① TS972.23

中国版本图书馆 CIP 数据核字（2018）第 218515 号

策划编辑 连幸福 **责任编辑** 张茹冰
美术编辑 薛 莲 **责任校对** 尹春霞

出版： 中原出版传媒集团 中原农民出版社
地址： 郑州市金水东路 39 号
邮编： 450016
电话： 0371-6578 8679 138 3717 2267
印刷： 河南安泰彩印有限公司
成品尺寸： 210mm×280mm
印张： 8.5
字数： 150 千字
版次： 2019 年 3 月第 1 版
印次： 2019 年 3 月第 1 次印刷
定价： 68.00 元

法国明信片 1935

致世界上所有的制勺人

——过去的及现在的，知名的及不知名的

感谢你们为我们带来了基本的生活器物，使我们能够滋养身体

它们也是漂亮的小件雕刻品，能够滋润我们的心灵

感谢你们为生活带来的美好

目录/contents

序言 9

致中国的读者朋友 10

我的收藏之路 11

初会木勺 13

开始行动 15

暂时沉寂 17

9英寸茶匙收藏活动 19

向木勺和制勺人致敬 23

致读者 27

木勺摄影 28

木勺藏品展示 29

特别资料 131

左页上：
Richard Carlisle
（美）纽约州
2009
粉红象牙木

左页下：
David Hurwitz
（美）佛蒙特州
2007
樱桃木

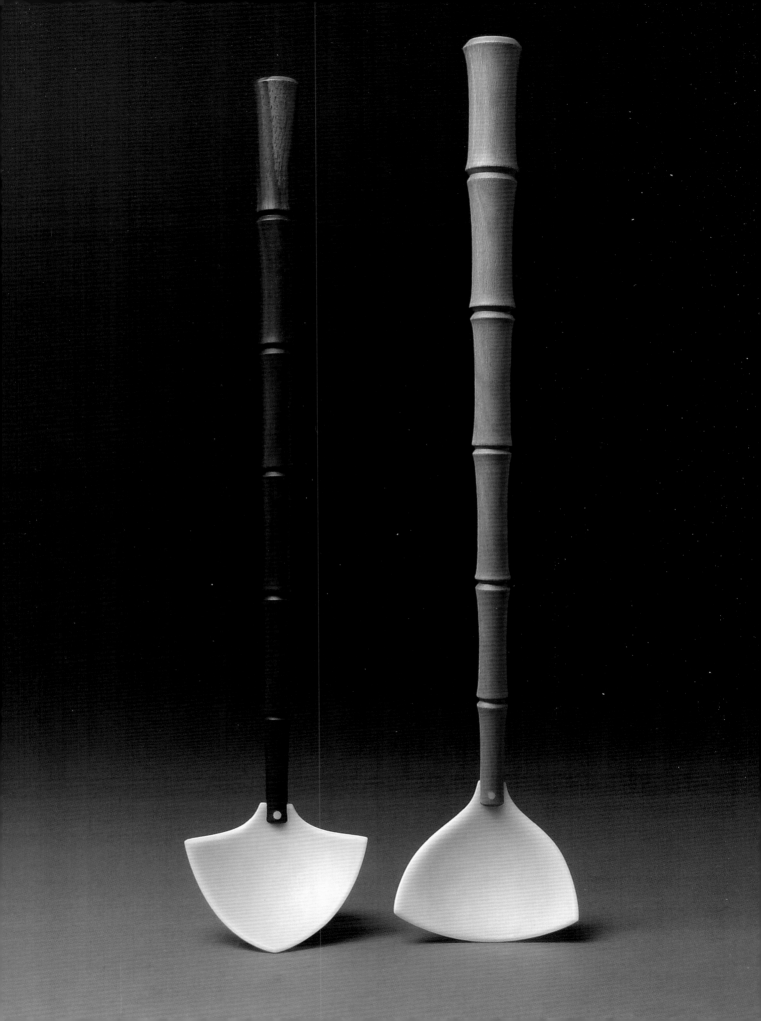

序 言

对诺曼·斯蒂文斯来说，本书是个令人激动的尝试。对于木勺制作人和研究20~21世纪手工艺的未来学者来说，本书是个有价值的项目。

诺曼解释了这个项目的缘起与发展情况，但对自己的坚持、热忱及高尚品德却一笔带过。他显然沉醉于搜寻和收集物品，以及与每个参与者的互动——这带来了很多友谊。尽管这只是诺曼的项目，但他和妻子诺拉在搜集作品时充满尊敬和善意，在手工圈子里收获了数不清的好朋友。

在必需的实用生活工具中，木勺子的历史最为悠久。现在，世界各地的木勺制作人（无论专业与否）仍在借助各种不同的技艺、工具、木材等来制作这类东西，并常常会有创新。本书为这些看似普通的木勺子发声，并提升了它们的地位。通过本书，能工巧匠们创造的漂亮、实用的物件获得了应得的关注和赞美。同时，本书也使当下的木勺子变成了收藏家和评论家关注的对象。摄影师提布·肖是诺曼的重要合作伙伴，他知道将细长的勺子通过二维图像完美展示出来的难度有多大，但还是成功完成了任务。

这个重要的收藏项目于2006~2011年汇编成书稿，它向世人展示了用想象力和技巧解读日常用品时，在形状和装饰方面具有无穷变化的可能性。本书也是21世纪早期木勺子制作方面的文献，这些勺子主要来自美国，也有其他十几个国家的。收藏的木勺涉及的范围很广，从实用的日常勺子到极复杂的装饰套装都有。用到的木材种类很多，书中的勺子呈现出多种多样的颜色、纹理和形状。参与的木工雕刻者数量极多，反映出他们在传统手工方面的广泛兴趣，同时，手工历史学家也会从诺曼这个里程碑式的调查项目中受益不少。

本书实际上也是木勺制作人的汇集，当我们看到世界上还有许多人也在做同样的事情时，就会备受鼓舞，特别是对于那些平日与同行几乎没啥联系的人。我们这些木勺雕刻者都很感激诺曼，他了解我们的工作，并将其彰显于世人。

巴里·戈登　　诺姆·萨特瑞厄斯
2011.10

致中国的读者朋友

非常高兴能有机会展示我的"9英寸茶匙收藏活动",这些茶匙现在已经超过400把了,希望数量能不断增多,以飨世人。最近,我得到了第一把由中国手艺人雕的勺子,造型是一个站着的男人,效果迷人。作者来自中国台湾,是一名上班族,利用业余时间制作勺子。

后文会介绍这项收藏活动的来龙去脉以及我的收藏范围,这里就不再赘言了。自2012年公布以来,"9英寸茶匙收藏活动"已经发生了两次重大的变化,这两次变化都使我见识了这个世界上更多的勺子雕刻者。其中一个变化是与之前的传统方式相比,网络信息资源的获取范围和速度发展得让人震惊。除了个体雕刻师创建的个人网站之外,还有越来越多的类似"Etsy"这样的公共网站,这一发展趋势势不可挡。之前要想收藏一把勺子几乎是可遇不可求的,而现在网络资源这么丰富,我甚至要好好斟酌一下选哪一把勺子为好。但是网上的勺子大多是为日常使用而设计的,样式普通,收藏价值不大。

更重要的是,做原创木工项目的匠人们正在组建一个个国际层面的社群,其中有不少是女性。他们在美国和西欧举办了很多场活动,最近在美国举办的几场活动还把一些杰出的欧洲雕刻者邀请了过来,我很荣幸地见到了几位雕刻者网友。最重要的一步是设立了"Wille Sundqvist-Bill Coperthwaite Slyod"奖,旨在表彰美国和西欧的个体雕刻者。这个奖项等于认可了威利(Wille)是维护瑞典雕刻传统的最重要力量,而比尔(Bill)则在美国过着简朴的生活,在木雕教学和促进木雕发展方面做出了贡献。在我的藏品中,这些人的作品很有代表性。得益于网络资源,我还从世界其他地区的雕刻者那里得到了很多藏品,如非洲、拉丁美洲、东欧及澳大利亚、新西兰、日本等地,这些雕刻者富有想象力、技艺娴熟。

2017年,我出版了《勺子鉴赏》(An Appreciation of Spoons),在美国亚马逊上已上架。书不厚,里面有一些我的新藏品(勺子)的照片,以及一些杰出的雕刻者对其作品的简短评论。

很高兴能将我的第一本书引进中国,也希望能借助它得到更多雕刻者的作品。我已经决定将整个9英寸勺子藏品、所有相关的信件和我收藏的一本大书捐献给马萨诸塞州塞勒姆的皮博迪·艾塞克斯博物馆(Peabody Essex Museum)。因为这家博物馆收藏了大量中国物品,包括家具。

非常希望能与中国的勺子雕刻者取得联系,能见到作品照片更好。

我的收藏之路

我出生并成长于新布什尔罕州南部。我的母亲露丝是编织地毯的，也会做复杂的针线活儿。我的父亲大卫经营着一家大型的建筑物移动公司，但却没啥机械活儿方面的细胞，尽管他的父亲和爷爷都是木匠。我父母对古董很感兴趣，他们的很多手工类藏品很好玩，但他们二人却基本仿造不来，除了最简单的动物造型人偶奶罐，包括"Royal Bayreuth"和"Schafer & Vater"（都是德国著名的瓷器品牌，译者注）的产品。之后的几年里，我和妻子诺拉一起陪伴我父母在旅游时逛古董店，收藏了一些东西。跟我父亲一样，我也没啥机械细胞，他去世后，我继承了他收藏的古董奶罐。

我在 1957 年获得了图书馆学硕士学位，在 1961 年获得了博士学位，之后在霍华德大学和罗格斯大学做图书馆管理员。1968 年，我成了康涅狄格大学图书馆的管理人员。

1994 年，我在康涅狄格大学图书馆馆长的职位上退休。退休之前的几年里，我在一个员工分享项目里做参考图书馆管理员，每周干几小时。我坚持做类似的事情，在那之后的几年里，我在新成立的托马斯·多德研究中心服务台做志愿者，也是每周干几小时。这些经历，使我有机会学习如何有效利用当时新兴的电子搜索服务与系统。这些技能在我的勺子收藏过程中至关重要。

除了大学图书馆行政管理的本职工作之外，我在图书馆文献方面也做了一些实质性的贡献，涉及图书馆历史、图书馆幽默、网络成长与发展以及图书馆管理等。那时我经常就图书馆的新出版物撰写评论。同时，也就有关古董及一般收藏品的图书、手工艺品、装饰艺术以及许多不为人所知的主题撰写评论，持续了很多年。

我的收藏生涯开始于 20 世纪 60 年代初期，当时收藏的是有关图书馆建筑物的明信片。随着藏品的增加，我广泛涉猎各种与图书馆有关的纪念品及其他短期流行的东西。1986 年，我出版了《My Guide to Collecting Librariana》，至今它仍是该领域里唯一的一本书籍。20 世纪 90 年代早期，我们向位于蒙特利尔的加拿大建筑中心捐赠了大量代表性藏品，包括 25000 张图书馆明信片和近 500 个纪念品。

20 世纪 70 年代早期，诺拉在一个拍卖会上买了一整箱的钱包，后来我帮助她收藏了女士手提包、钱包及梳妆匣等。现在，她的藏品中包括美国和英国当代手工艺人的一些独一无二的手袋。我们夫妇二人也是美国儿童文学收藏家康涅狄格州分会的积极会员，直到最近，我一直在做有关图书馆和图书管理员方面的儿童图书的收藏，它可能是美国最大的。它现在是多德研究中心的东北儿童文学收藏（NCLC）的一部分。

我曾帮助康涅狄格大学的图书馆建了一个艺术（strong art）藏品展，为人们提供了强烈的视觉文化体验，尤其是主图书馆。在此期间，在斯托斯校园图书馆三大展区，我还帮助开发和策划了相当数量的有关艺术、书籍及手工艺品的展览物。展览活动的最后一项是"勺子集"——2011 年 10~12 月举办于荷马·巴比奇图书馆（Homer Babbidge Library）展览场所的广场展览地，大概有 250 件展品，它们来自"9 英寸茶匙收藏活动"（后文有介绍）。

这些收藏经验使我获得了很多知识和技巧，对我的勺子收藏和其他工艺品收藏帮助非常大。我在视觉艺术方面没有接受过任何正规的教育，这反倒成了一个优势：我能够凭借直觉去探索感兴趣的领域，建立我在手工艺品领域的独有理念，最重要的是能够向我钦佩并尊敬的匠人们学习。

初会木勺

我搬到康涅狄格州后，我们开始探寻古董展和古董店、资产拍卖会、跳蚤市场等，目标主要是钱包及与图书馆相关的东西，但我们发现根本买不起看中的古董。

后来我隐约听说有个叫新罕布什尔州手工艺博览会（LNHC）的组织，每年举办一次展览活动，也是个小集市。20 世纪 60 年代中期，在某次度假时我们在展览活动上待了一会儿。记不清是 1970 年还是 1971 年，我们再次拜访了那个集市。从此，我们每年都去，参加了

Dan Dustin
（美）新罕布什尔州
2006
蓝莓木

评审性展览之类的活动，并积极加入了组织。现在我们赞助了博览会上的两个评审生活手工艺品的展览（玻璃与金属类）。最近，我们帮助博览会采取措施以扩大永久性收藏的规模。因为它搬到了康科德市（州首府）中心的新总部，存储空间采用了最先进的技术，展示区域也扩大了。

LNHC 成立于 1932 年，跟我同龄。1933 年，举办了第一届集会。它缘起于新罕布什尔州州长的倡议，旨在帮助减轻大萧条对本州的冲击。LNHC 是依托本州的一群手工艺匠人而建立的，他们采用的基本上都是传统的加工模式，这个传统一脉相承，从未改变。在我参加过的所有手工集市中，其成员数量是最多的，他们刻意远离眼下那些极端现代主义风格的工艺品，也不创作任何与实用性无关或偏离实用性的作品。

几乎与我们参加 LNHC 同时，一些新的年轻手工艺匠人们出于经济、政治或者社会等原因，搬到了新罕布什尔，加入了组织。他们中的许多人住得很偏僻，食物都是自己生产的，工作场所是看起来很原始的住所。有些人在田

里或者树林里工作，他们创作时所需要的原材料都是自己解决的。虽然跟他们的职业和生活方式差异很大，但大家的年龄相仿，并且有着相同的教育背景。

三位匠人对我们塑造欣赏品味的帮助最大，他们分别是勺子匠人丹·达斯汀、吹玻璃匠人达德利·吉布森（记得他的妻子贝西是做布艺的）、陶艺匠人蒂亚·佩索。通过他们，我们不仅学会了欣赏作品的方方面面，还学会了欣赏他们的工作本身。达德利做的玻璃杯和花瓶很有视觉吸引力，但他总是提醒我们：握在手中时，作品的触感一样重要。于是，通过感受一个玻璃杯、马克杯把手甚至一只花瓶来选购就成了我们的功课。蒂亚的作品完全是用手塑出来的，上面总是留下双手的痕迹，所以握在手里的感觉比只是看看更令人愉快。更要感谢勺子匠人丹，对我来说，木勺子是迄今为止所有的工艺品中最有触感的。一把勺子最吸引人的地方，就是它感觉起来怎么样。我经常把玩收藏到的勺子，查看它们的细节，享受它们贴合手掌的美妙感受。正如给我贡献藏品的吉姆·克斯特里茨所言："别的东西可能视觉效果很吸引人，而我的勺子则让人的手和眼睛都很舒服。很少有别的艺术能通过触觉来感知。"

20 世纪 70 年代初，在首次参观 LNHC 的展览时，我遇到了刚刚开始木勺雕刻生涯的丹·达斯汀，于是我对木勺子，尤其是雕刻类勺子痴迷至今。他的作品首先使我发现了简单器物身上藏着的乐趣，以及与其创作者长期沟通的快乐。我从丹及其他手工艺老师那里学到的评价方法和原则，帮助我形成了自己对于当代手工艺的评判标准。我应用它们，特别是在我收藏、鉴赏勺子的时候。

我和丹应该是在同一年开始参加 LNHC 展览的，那一年诺拉还买了一只他的小号方木碗，我应该买了他的一把勺子，这可能是我第一次买勺子，记不大清了。我收藏了好几把他做的勺子，现在已分不清哪一把是那次买的了。但他亲自去找做勺子、碗或其他即兴作品的木材，他对手工工具的热爱，他对手工艺的奉献以及他的独立精神等深深吸引了我。他能从一块木头上一眼确定出勺子或者碗的样子，然后做出来，真是太牛了。每次在他的摊位上买东西，尤其是勺子时，我总是拿在手中感触好几次，然后再跟其余的勺子对比一下，仔细感受勺子的形状和抛光效果。

开始行动

在接下来的 10 年中，我又收藏了丹的木勺作品。诺拉和我收藏了许多其他的陶瓷、玻璃及木作品。我们也开始定期参加其他的手工艺展（主要在东北部），包括美国手工艺委员会（ACC）在 1972 年成立不久举办的纽约莱茵贝克展，以及 ACC 在 1984 年搬到西斯普林菲尔德后举办的所有展览，直到 2000 年那个场地关闭为止。我们也参加了一些其他类型的本地展会或者地区性展会，即使是在旅行途中，我们也留意并探访相关的手工艺展。很快，我就留意到了其他的木勺匠人，并收藏了一些他们的作品。就是在莱茵贝克展会上，我第一次遇到了诺姆·萨特瑞厄斯，买了一把他做的造型简洁的虎形枫木勺子，勺柄有简单的雕刻。他现在是我的好朋友，也是我的勺子收藏项目的坚定支持者。在某个机缘下，他结识了一大批 "9 英寸茶匙收藏活动" 的捐赠匠人，于是他在各种场合下开始鼓励和劝导他们为我的勺子收藏活动也做一把勺子。（茶匙，即 teaspoon，用于喝茶、喝咖啡或者吃甜点，勺头较小。译者注）

Norm Sartorius
（美）西弗吉尼亚州
2006
缅茄木瘿木

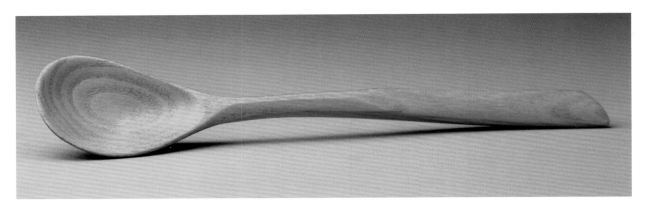

Barry Gordon
(美) 纽约州
2011
榆木

巴里讲了大汤勺的创作过程，以及挖出大汤勺的那个直径 48 英寸的瘿木。随后，我同意买他可能翌年从瘿木中挖出来的 12~15 把勺子。然后，我等了 19 年，直到 2004 年我们去纽约拜访他时才做完。在这 19 年中，他陆续邮寄了 17 件不同的作品给我，通常是不事先告知的。现在，另外的 17 件作品也差不多完成了。我把自己收藏的 17 把勺子（尺寸、类型各不相同）都留给了他，方便他打磨抛光，然后再给它们拍照。没过多久，他就全部寄还给了我。这些勺子是我所有藏品中的亮点。我和巴里合写了一篇名为《勺子项目》的文章，发表在《Woodwork》杂志上 (#92，1985 年 4 月，第 60~63 页)。文章配有鲁迪·赫尔曼拍的几张彩照，介绍了项目进程的细节。

我在这篇文章的最后部分，引出了 9 英寸茶匙收藏活动。"我也在寻找别的东西，能够让我和其他人干一段时间。一种可能性是找到尺寸合适但小一些的瘿木（可能是黑胡桃），让 10~12 个匠人在同一块木头上各自挖出小一些的勺子。在我 72 岁时，我希望这个项目能在 20 年内完成。"巴里打量着几块瘿木，就可行性跟我探讨了好几次。最后我们达成共识：尽管这个项目的结果可能很有趣，但找到合适的木材—切割成合适的小块儿—标记参与者—分发材料—监控过程等背后的工作太复杂，实在难以实现，所以我们放弃了。但这种思路一直伴随着我，我从来没想过最终能把它实现为规模更大、过程更复杂的 9 英寸茶匙收藏活动。下文会有更详细的介绍。在 80 岁时，我担心这个项目会需要 20 年时间，自己可能熬不到那一天。

暂时沉寂

做一个独特的勺子收藏项目的想法，就这样沉睡了多年。接下来的时间里，我继续小批量地收藏当代的勺子，偶尔也买些有年头的或老式的勺子。到20 世纪 90 年代中期，我知道的制勺人不超过 10 人，但跟大多数人都见过面。如前文所述，面对面的交流、亲手把玩匠人们的作品有助于我增加评价经验。随着收藏经验的丰富以及新的电子服务成为可能，我开始接触到庞大的制勺人群体，当他们有个人网站时就更好办了。其中最有价值的信息是德尔·斯塔布斯的"Pinewood Forge"网站。1999 年左右，德尔决意帮助世界上的其他勺子雕刻者。当时他刚在瑞典度过了一个冬天，大多数时间是和瑞典的著名勺子雕刻者威利·桑奎斯特（Wille Sundquist）一起度过的。作为一个工具制作者，他已经给威利·桑奎斯特等瑞典雕刻者试用过一系列的工具了。那时他已经开始主要通过互联网与雕刻者相互联系。通过德尔的网站，我找到了来自密歇根上半岛的定居移民苏·罗比肖和史蒂夫·施米克，他俩都是木艺艺术家，也制作勺子。我很快就争取到了他俩用不同的木材制作的一批木勺。我们成了亲密的朋友，但我跟他们完全是通过网络联系的，还没见过面。这种一对一的网络联系方式，帮我同全世界的其他制勺人也建立了不错的交情。

关于我们的友谊，2011 年 8 月，苏·罗比肖这样写道："通过多年的制作、旅行以及在艺术集市卖我和史蒂夫·施米克亲手做的纯手工木勺，我们的创作视野突破了地域的限制，现在已基本有了擅长的作品领域，形成了自己的创作风格。但是，如何才能把我们的作品推销出去呢？我们已经建了一个网站，不断地上传新作品。起初我们也怀疑过这样做是不是有用，因为过去我们一般是面对面销售的。我们网站的第一个客户是诺曼·斯蒂文斯，他在 2002 年秋买了一个史蒂夫做的樱桃木小碗，在 2003 年 7 月买了我俩每人一把勺子。这是多大的惊喜和鼓舞啊！他是真正从作品到木料都欣赏我们的人，而见不见面（对于销售）已经不重要了。他的持续支持使我们认识到，即使坐在家里也能安心创作和销售。我们和诺曼的关系，也为我们打开了一扇同世界上木工同行相互了解的窗户，尽管大家之前彼此陌生。"

确实，这跟面对面接触或与几个制勺人（特别是英国的拉尔夫·亨陶和缅因州的理查德·麦克休）书信往来截然不同。除了一两个例外情况外，我的网上交流主要集中在勺子相关事务上，极少处理私人事务，也很少跟人会面。

Sue Robishaw
（美）密歇根州
2006
野生梨木

9英寸茶匙收藏活动

到 2005 年，我已经聚拢了相当多的制勺人。我不禁想起了当初和巴里·戈登探讨的收藏勺子的事儿，然后花了大量时间去构思如何实现。我最初的想法是从不同的制勺人那里收藏 12~18 把勺子，这个数量刚好够一群人吃晚餐用。当然，我的意思并不是去举办什么晚餐活动，而且压根儿也没打算把它们用作吃饭工具。我还对一系列标准进行了大量思考，这些标准要让参与的制勺人最大限度地接受。最后，我决定将长度和勺头的大小作为最主要的标准。因为我手头的勺子大多数都是 9 英寸左右（23 厘米）长、勺头相对较小，勺子整体很贴合我的右手。握在手里，当勺头处于吃饭的位置时，食指和拇指自然而然地捏着勺柄，非常舒适。对于这种长度的勺子，每个参与者应该都能充分施展技艺。我遇到的唯一困难是如何向北美地区以外的人描述"茶匙"这个单词。因为在烹饪术语里，1 茶匙是个体积单位，比我想象的要小一些。最后，我向他们这样描述：勺柄相对较长，勺窝相对较窄、浅。我还要求每位参与者都在勺子背面标注上姓名、创作日期及所用的木材等信息。

2005 年 10 月，我向第一批的 18 位制勺人发出了邀请。他们的积极回应使我放弃了当初只收藏 12~18 把勺子的想法。我很快就开始了更加积极的行动，寻找尽可能多的参与者，这项工作现在仍在继续着。2006 年 2 月，我收到了 8 把勺子，同时联系到了 63 个潜在的参与者。截至 2011 年 10 月，我已经在全世界找到了 500 多位制勺人，收到了 275 把勺子，还有 75 把承诺给我的勺子。在联系过程中，有很多人的信息不完整或者已经过期，少数联系人已经不再雕刻勺子或者过世了，但剩下的大多数人基本上都很愿意合作。今天，我还没有想好何时结束这个项目。尽管我的目标——在 21 世纪初期建立一个世界性的勺子制作平台，已经基本实现。

9 英寸长是我唯一严格执行的标准，尽管收到的作品问题多多：大多数勺子的勺头都做得像吃饭勺子那样大，有些甚至更大；很多勺子更像个雕塑作品，没有按照餐具来设计……但至少它们看起来是个勺子，还算不错。此外，有的参与者忘了标注姓名和日期。尽管我要求参与者一定要提供关于他们自己、他们的勺子、用到的材质及技术等信息，但收到的信息总是千差万别。

随着收藏品的增加，我开始对那些由特殊的木材或者背后有故事的木材制作而成的勺子感兴趣。因为我收到了苏·詹宁斯的毒葛勺、约翰·斯卡利亚诺的开心果木勺、亚伦·克拉普的黄檀木勺，以及由其他特殊树种、灌木等做成的勺子。还有些勺子具有特殊的历史意义，如唐娜·班菲尔德做了一把枫木勺，用到的枫木来自新罕布什尔州一个农舍的窗外。20 世纪初期，大诗人罗伯特·弗罗斯特在这里居住时曾写下一首诗，名为《我窗边的树》。拉尔夫·亨陶给我一把橡木勺子，木材来自一根可以追溯到 14 世纪的橡木大梁，这根大梁来自当时英兰格著名的坎特伯雷大主教的家——兰贝斯宫。

我给每把勺子都编了号，标上相关信息，然后放在一个同样编了号的布袋子里，既保护了勺子又便于找出其特征。这个收藏活动开展之初，我就注意为每一位参与者（包括潜在的）做好文档资料，主要是纸质文件，包括电子邮件打印件、手写信函、传记、照片、目录及其他信息。同时，我还建了 3 个电脑文件夹。第一个是所有我搜索到的制勺人的信息，标出他们是否拒绝、承诺或参与了这个活动，以及是否退休或死亡等情况。第二个是按编号排列的时间 / 数值表，包括制勺人的姓名、居住地域、勺子的木材种类及获得年份。我做了一个成本列表，记录了累计成本和平均成本，平均成本略低于 100 美元。第三个也是最有效的文件，是按字母顺序排列的每个参与者的个人信息短条目，包括其背景、做的勺子以及我个人基于每把勺子的评论。我会把这些信息大致跟制勺人沟通一下，然后根据他们的评论、更正或建议再做修改。这些资料仍在不断增加着，由于本书的容量关系，我没法呈现出来。

经常有人问我有没有特别喜欢的勺子。我的回答是每把勺子都有其特殊的魅力，这可能和我与制作者的关系、勺子背后的故事或者仅仅是勺子触觉和视觉吸引力有关。

下面是我的一个资料样本，这个参与者提供了一些图像。

马丁·戴蒙

2011 年 2 月，大不列颠传统手工艺协会的萨丽·道森给了我一份联系信息，上面是该协会的 6 个制勺人，其中就有马丁·戴蒙。他很快就积极回复了我："我喜欢用传统技法，身边可用的木材是……现在我手头有一些樱桃李木（还是绿色的，很漂亮）。"

9 月初，我们达成共识，他要准备两把勺子、一封简要描述的信以及一张光盘（里面是有关他本人、工具及勺子的照片）。

他说自己是个传统的绿色木匠，他的网站上说他自 2000 年就开始练习做传统木工了。他最初做的是乡村风格的家具，如门和临时活动篱笆等，但是现在只用简单的手工工具做木勺、木碗、木碟之类的东西。他还用传统的脚踏木车床做各种家用物品等。他写道："最初我打算把勺子设计得更正式、更对称一些，灵感来自 16~17 世纪的欧洲勺子，结果樱桃李（*Prunus cerasifera*）木材不适合这样的设计。因此，给你自由风格的木勺是从一根扭曲的树枝上加工出来的。勺子只用雕刻刀加工而成（没用砂纸打磨），我惯常这样处理。最后，我用食品级亚麻籽油做了处理。"他的一把勺子没有签名，勺柄中部一条较暗的长色条一直延伸到勺头底部，跟勺柄顶端的造型一样引人注目。"以削代磨"，结果还是挺光滑的，某些地方的纹理更突出了这种手法的独特。最重要的是，它很贴合我的手掌。握在手里吃饭时，这把勺子的独特设计完全符合人体工程学，让人很舒服。做这把勺子，他只用了一把斧子、一把直刀和一把勾刀。

马丁·戴蒙

第二把勺子的木料来自一棵222岁的橡树，这棵树被人们称为"OneOak"，砍伐于2010年1月，原来生长在温斯顿·丘吉尔爵士的祖居布莱尼姆宫。橡木通常不用来做勺子，马丁就把木料煮了两小时，中间还换了几次水，所以做出来的勺子颜色就深了一些，像被"晒黑"了一样。干燥之后，用1500目的砂纸打磨，最后涂上食用级亚麻籽油。这把勺子要小一些，可能会适合少年人的手。

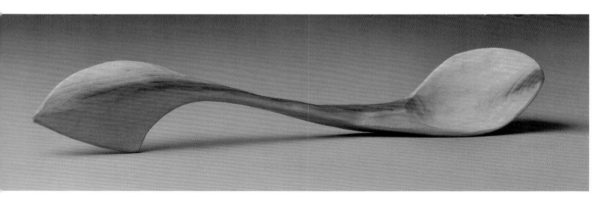

左：
Martin Damen
英格兰
2011
樱桃木

右：
Martin Damen
英格兰
2011
橡木

向木勺和制勺人致敬

在当今的手工艺世界里，主流观念似乎是物品越大、越抽象、越昂贵就越好。有时，工匠们的目标是创造出一个标志化的东西，好让人们一眼认出那就是他的作品。那么，人们为什么要收藏木勺？我为什么要收藏那些非"主流"的东西？

第一把勺子的诞生可以追溯到石器时代，那时人们用石器来制作一个简单的挖了孔的器皿。来自缅因州的当代制勺人理查德·麦克休，介绍了他制作第一把勺子的过程：孩提时代的一天，他在花园里玩耍，捡起一块锋利的石头和一根木棍来做勺子，最后在一块石头台阶上做了打磨。后来，金属勺子取代了木勺子。但是，几千年来，木勺子却成了烹饪和进餐的基本器物，在工业化国家尤其明显。例如，在 1912 年的俄罗斯下诺夫哥罗德省，有 18000 多人生产了 2 亿把勺子。

虽然木勺是实用器物，但从古至今人类一直都爱在上面做装饰加工，几乎什么样的内容都有。所以，木勺子往往能反映出当时的文化、社会或部落风俗、图案及符号等。很久之前就有人雕刻木勺来售卖，但大多数情况下木勺是做出来供家庭使用的。西西那提的哥谭·布拉德布里有一本 1881~1883 年的日记，那上面就记述了他的先祖为自己家做木勺的事儿。

早先时候，我将木勺子分为十几个类别（例如"部落类"），但很快就发现重叠之处实在太多了，很多勺子既属于这一类也属于那一类，所以就放弃了。放眼世界，木勺子在很多地方仍然是基本的餐具，除了自用，还有以此为职业的工匠。现在，在超市、饭店、饰品店等地方，工业化大规模生产的低成本木勺子越来越多。在礼品店、展览馆及高档饭店，有一些质量好一些、价格稍贵些的半工业化生产的木勺子。幸运的是，还有许多独立的勺子制作者，他们中的许多人做的是高品质的木勺，纯粹为了乐趣和自己的需求，或者为了跟家人和朋友们分享快乐。还有相当多的制勺人制作自己设计的风格独特的木勺子，在各种场所销售，例如农贸市场、手工艺展馆和集市、自己的网站或 eBay 等专业购物网站等。当然，也有个别的例外情况，比如诺姆·萨特瑞厄斯和雅克·维瑟瑞（Jacques Vesery）似乎在远离美术馆。

我收藏的勺子上体现着不同的文化和传统，制勺人都很有才华，尽管他们的水平不一。低调有助于他们锤炼技艺，创造出独特且富有想象力的作品。向他们致敬！我很幸运能够找到他们、收藏到他们的作品，正如他们中很多人所建议的：多多关注别人的工作，有助于激励自己扩展视野。

木勺的材质蕴含的信息很多，反映了和制勺人之间的密切关系。制勺人用的木料通常不是市售木材，而多是自己的财产（区别于市售木料，译者注），或者是从河里打捞的、从枯树上得来的，从火堆里抢救木料的事儿也不罕见。迈克尔·卡伦曾在《寻找木料》一文（《Woodwork》杂志，2003 年 6 月，第 51 页）中说，他曾在山顶终年积雪的沙斯塔山海拔 914 米处找到了一些桃花心木。我从他那里收藏到的勺子就来自这些木头。画家能画出可以看见的场景，但只有少数的匠人，包括制勺人，能够准确地告诉你其作品所用到的材料来自何处。

很多情况下，木料对于制勺人来说往往具有特殊的意义。例如，莎朗·利特利的"鹅妈妈"勺子的木料来自一棵李子树（plum：李子，梅子。后文统一译为李子。译者注），那棵树在她父亲家的院子里长了好多年了。有些制勺人的木料来自外来入侵植物，如沙棘、常春藤等，砍掉它们有利于维护生态平衡。裴德·宾得的涡纹木勺令人赞叹，其木料来自一棵被藤蔓缠死的小枫树，独特的涡纹其实是拜藤蔓卷须所赐。罗斯·切瑞在农场开垦土地时挖掉了一丛女贞灌木，后来顺手用它雕了把勺子。这是他第一次用女贞木做勺子，平淡的白色令他很不满意。他想起了那在灌木周围长着的用来做染料的黄根植物，能不能用它来给木勺染色呢？试验后发现效果还挺独特的。

爱德华兹·史密斯在寄给我的一小段文字里说道："木勺子是个很棒的礼物。人们特别喜欢你用他们提供的木材做出来的勺子，这些木材是他们与熟知并热爱的自然环境相联系的一个纽带。树可能不在了，但它的记忆可以藏在木勺里，一代一代传下去。"

因为雕刻勺子只需要用到一块木材的很小一部分，所以制勺人使用的基本材料种类很丰富。他们都很可敬，按照要求使用很多种新木料（我之前没收藏过的）完美地完成了任务。现在我收藏到的木勺用到的木材多达 110 多种。

在运用不同种类木材的过程中，他们也提升了技艺和想象力，能够在木头原料中一眼找出勺子并做出来，无论成品简单或复杂，都具有视觉和触觉的双重吸引力。没有任何两把勺子是完全一样的，就算用的都是瑞典雕刻风格，来自瑞典和美国明尼苏达的作品也差异很大。即使某个制勺人做的多把木勺也一样，虽然你能看出来是同一个人做的，但每把勺子还是各有独特的外观和个性。

巴里·戈登曾跟我说过，不管用不用到电，制勺人采用的技艺都是五花八门的，从用手工工具在生材上加工出勺子到使用车床（尽管很少人用）都有。就拿打磨来说，从简单的以刀削代替砂纸打磨，到刮和砂纸打磨组合使用，样式很多。最后的涂层处理，根据是否用于进餐也有很多种方式。就拿枫木来说，有不同品种的枫树，及不同的技巧、精细加工方式、设计、签名或标记，不同的风格……做出来的勺子丰富多彩，这些我原来根本就想象不到。

我坚信，这是一种值得传承但常被忽视的手工艺传统。因为不管做出来的勺子多么抽象、多么不实用、多么不寻常，它都有着悠久的历史。同时，相对于当代的其他手工艺，相当多的木勺子在设计和制作上都毫不逊色。除了收获到新的友谊之外，我感到幸运的是，在某种程度上我能够了解世界上许多地方的制勺人工作的深度和广度。我还帮助建立了一个匠人群体，他们中的许多人之前一直处在现有的手工艺圈子之外。我也庆幸能够帮助他们提高自己的技艺和想象力。

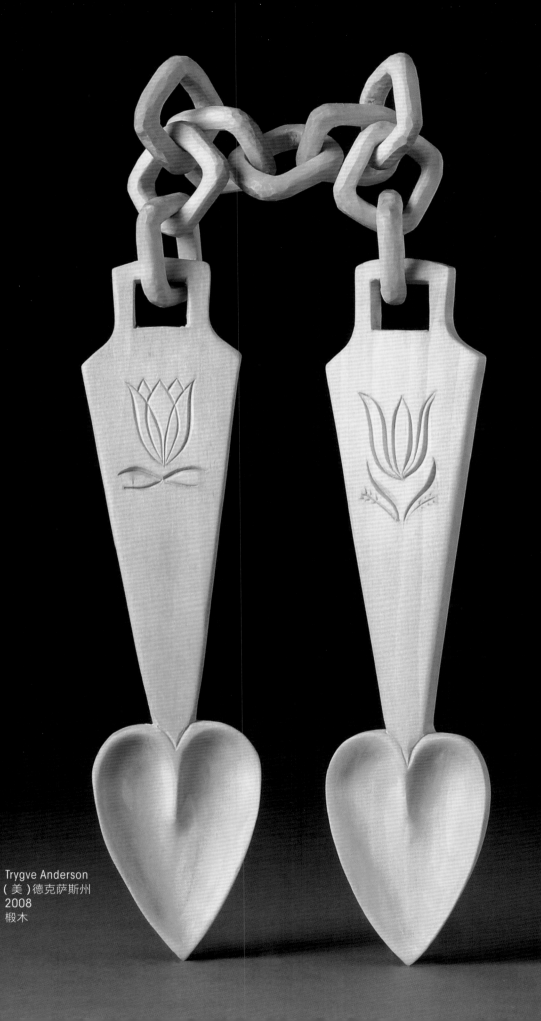

Trygve Anderson
（美）德克萨斯州
2008
椴木

致读者

每当找到一个新的制勺人，获取一把新木勺，我总是很兴奋。我很庆幸能遇到他，即使是通过电子交流的方式。随着收藏品的增加，我结交了许多新朋友，他们继续跟我交流他们的工作和活动等。很多制勺人的作品入选了美国车旋协会（AAW）的名目"勺子精选集"（首先在 2010 年 AAW 的木工艺术展览上亮相，接着亮相于 AAW 在康涅狄格州首府哈特福德的一个专题讨论会上），他们告诉我，别人的作品激发了他们提升技能、扩展视野的雄心。我希望这本书能够为所有的制勺人提供额外的鼓舞。我也很高兴为木勺社群提供微薄的财务支持，并提请大家多多关注世界各地的木勺匠人。

我很高兴能够通过我的定期更新、部分收藏品的展示以及本书的出版，与其他收藏者及读者分享我对木勺子的热情。我也希望能够听到读者朋友们关于当代木勺世界的任何事情。

最后，我想呼吁所有的读者，特别是广大市民，去寻找并支持木勺社群。在所有合适的场所多多倡导使用木勺子，多去参加木勺子展览，方便的话就买几把，将纯手工木勺子悠久的传统 文化推广出去、传承下去。

最后，我希望这本书能鼓舞更多的人来收藏木勺子。对于当代高品质木勺子的收藏来说，其主题可以集中在某些兴趣点上，例如收藏某个省、地区或国家的木勺，或者收藏某种特定风格的木勺，比如威尔士爱之勺。做好这样的收藏，要考虑好合理的成本负担、合理的空间规划、便携性，还要能够满足手眼之娱。

木勺摄影

每一把好木勺，无论是实用的还是仅用于观赏，都是一个小雕塑。也就是说，要从各个角度来欣赏它，特别是要拿在手里不断地举起、倾斜、翻转，反复感知。因此，木勺摄影很具有挑战性，尤其是在只能选用一个视图时。作为摄影师，我的目标是展现出每一把木勺子包含最大信息量的视图，突出它的最佳品质，并尽可能完整地展示它的全貌。

我的风格是简单朴素，通常只使用一个光源和反射器，因为自然光就只有一个，这样做也算是模拟了自然。我还注意尽量使背景和角度简单，以确保对象成为自然而然的焦点，而不像是被拍摄出来的。也就是说，每一处的光照和位置我都小心地处理过了。尽管人们常说"相机从不说谎"，但它感知东西的方式跟人确实不一样，要格外注意这一点。

很荣幸能为这些木勺摄影，很荣幸能有机会解决每一个难题。通过这本书中的照片，你能感知到当代木勺惊人的多样性。我最希望的是，它们独特的魅力能被读者感受到，能让读者看了之后想亲手去摸一摸，甚至想去雕一把。

——提布·肖

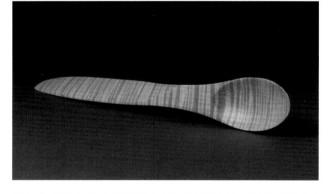

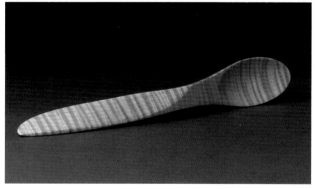

木勺藏品
展示

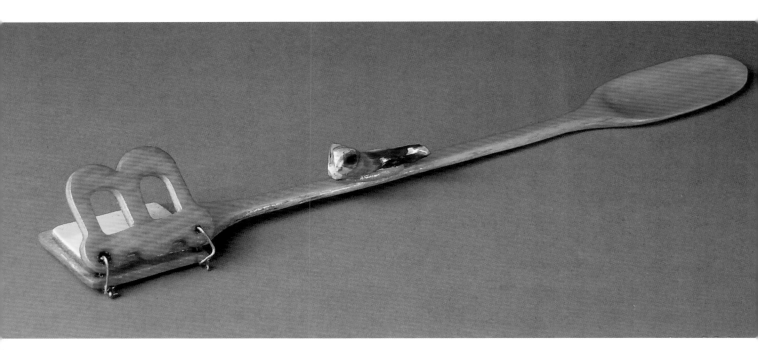

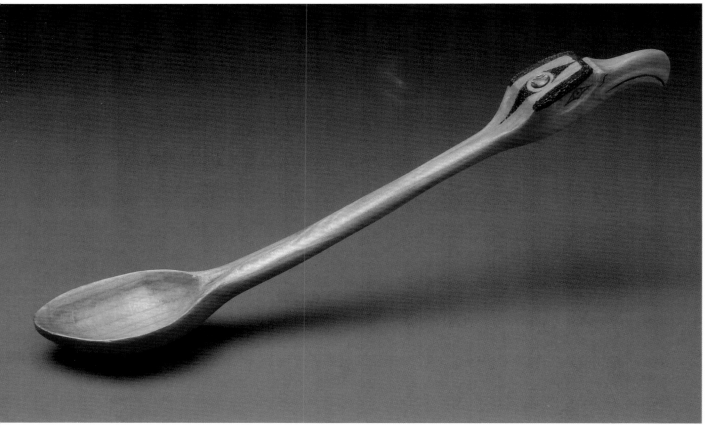

上：
Tony Abbott
（美）肯塔基州
2008
松木

下：
Joseph Albert
（美）华盛顿州
2006
桤木

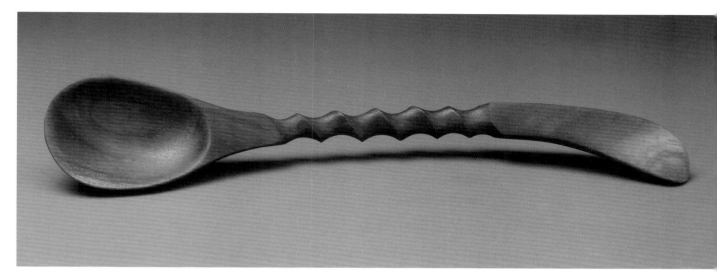

上：
Jim Anderson
（美）明尼苏达州
2009
寇阿相思木（Koa）

右：
Trygve Anderson
（美）德克萨斯州
2008
椴木

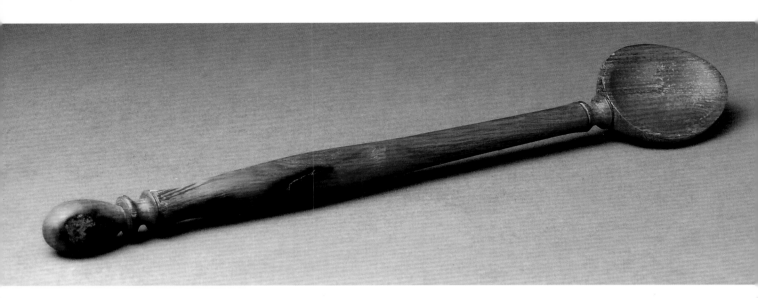

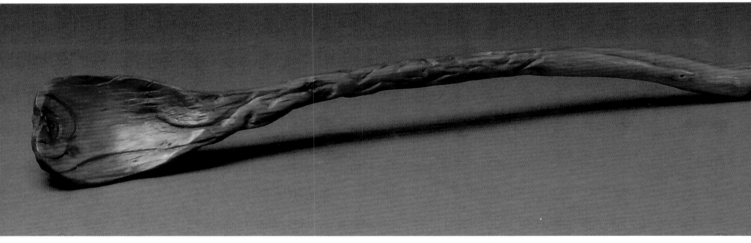

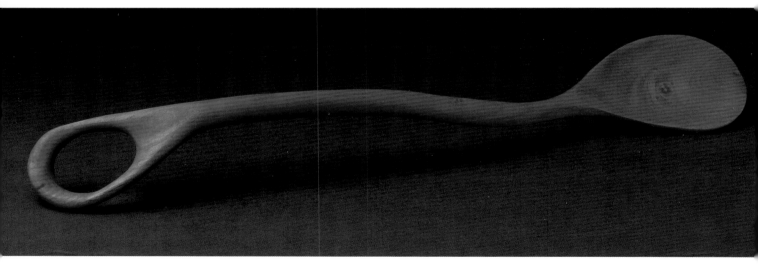

上：
Steven Antonucci
（美）新泽西州
2010
沙漠铁木

中：
Sergey Appolonov
俄罗斯
2010
沙棘木

下：
Todd Aubertin
（美）新罕布什尔州
2010
白桑木

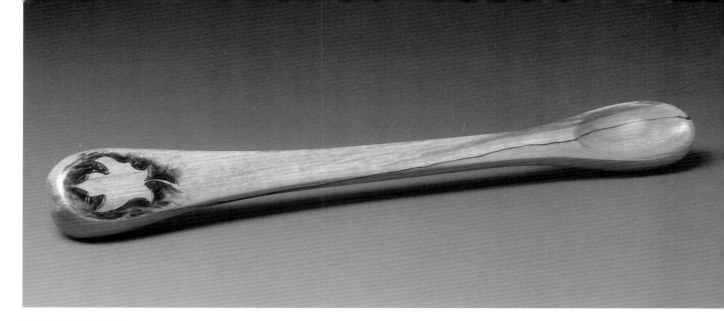

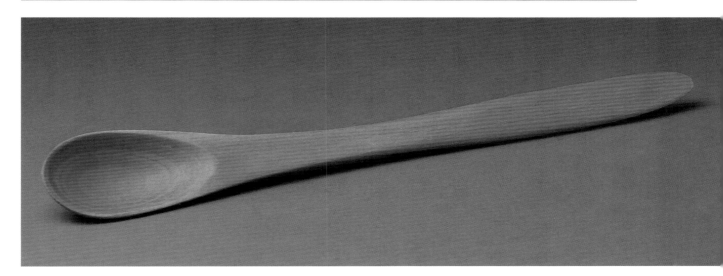

上：
Donna Banfield
（美）新罕布什尔州
2010
枫木

中：
Abram Barrett
（美）缅因州
2008
黑柿木

下：
William Baungattel
（美）宾夕法尼亚州
2006
黑樱桃木

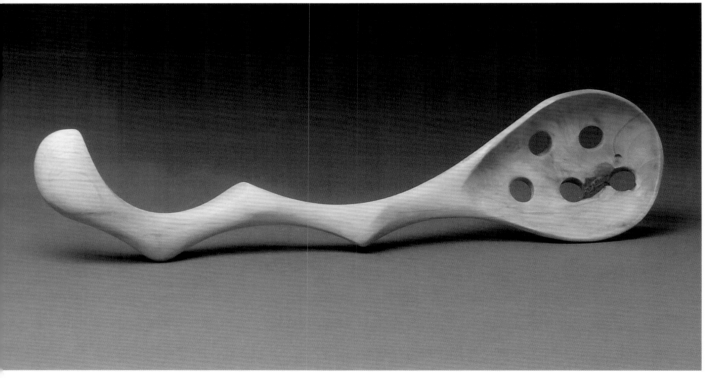

上：
Bev Beatty
（美）西弗吉尼亚州
2007
梓木

下：
Espri Bender-Beauregard
（美）印第安纳州
2011
美国鹅耳枥木

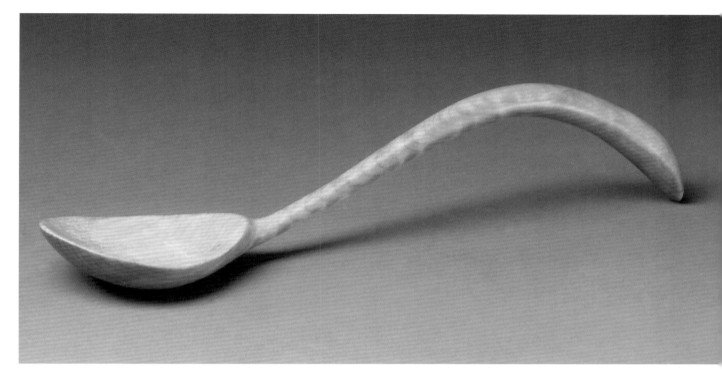

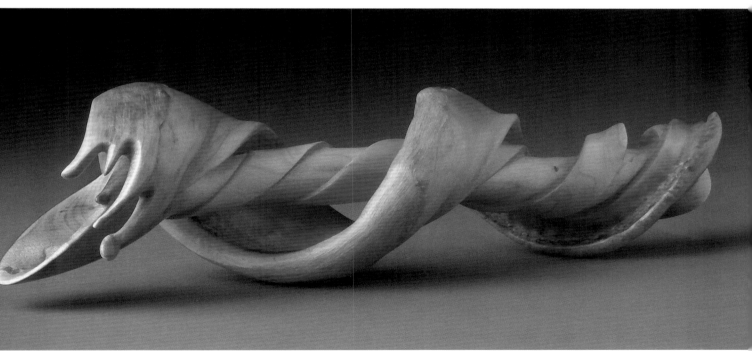

上：
Shawn Bills
（美）佛蒙特州
2011
枫木

下：
Jude Binder
（美）西弗吉尼亚州
2008
枫木

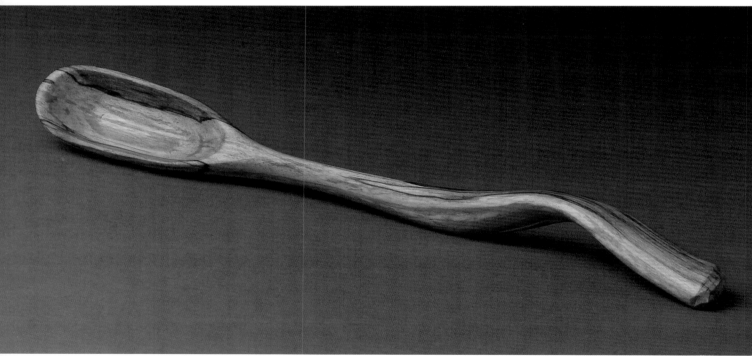

上：
Elia Bizzarri
（美）北卡罗莱那州
2006
山茱萸木

下：
Sage Blanksenship
（美）西弗吉尼亚州
2008
渍纹枫木

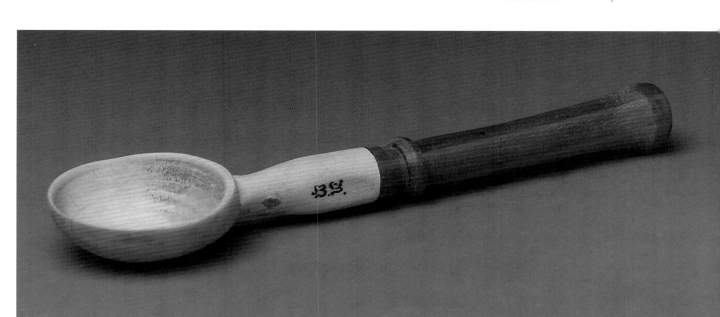

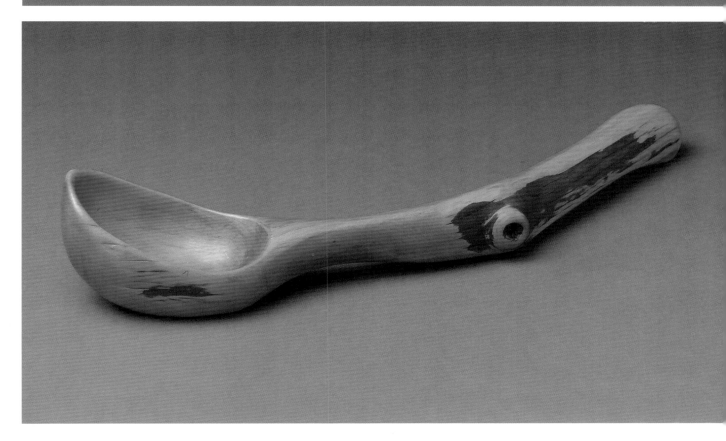

上：
Jeffrey Blind Horse
（美）加利福尼亚州
2007
赤桉木，洋苏木

下：
Meg Boden
（美）康涅狄格州
2009
月桂木

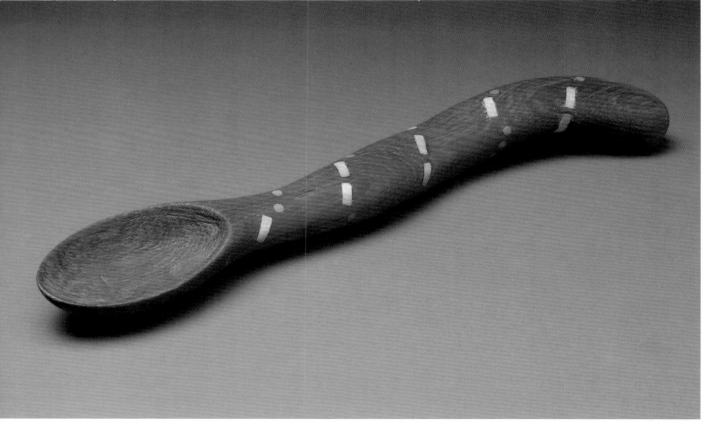

上：
Campbell Bosworth
（美）德克萨斯州
2006
牧豆木

下：
Paul Burke
（美）马萨诸塞州
2006
柚木

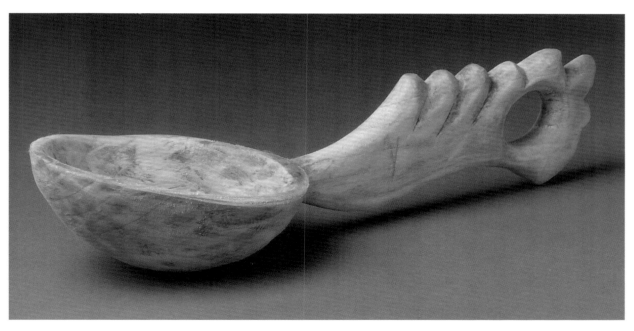

上：
Alexandru Buturus
罗马尼亚
2008
菩提木

下：
Mike Byram
（美）印第安纳州
2009
板栗木

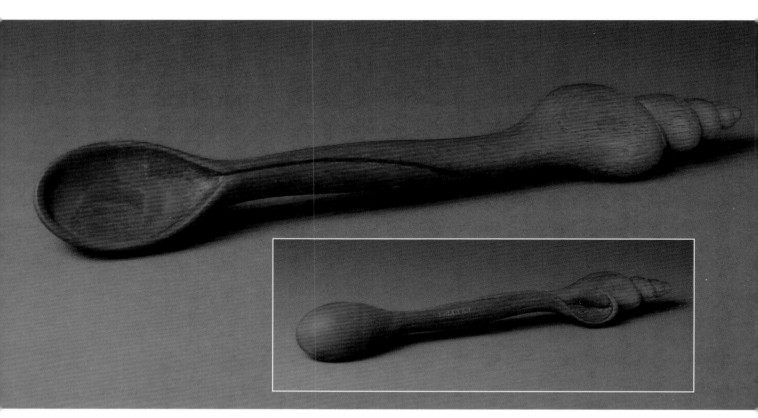

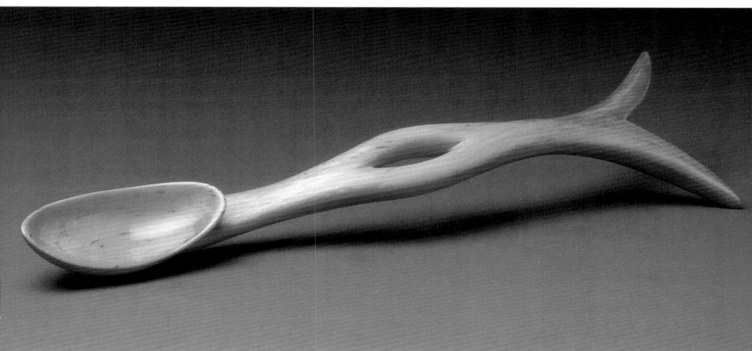

上：
Susan Caban
波多黎各
2008
桃花心木

下：
Patrick Cahill
（美）明尼苏达州
2010
铁木

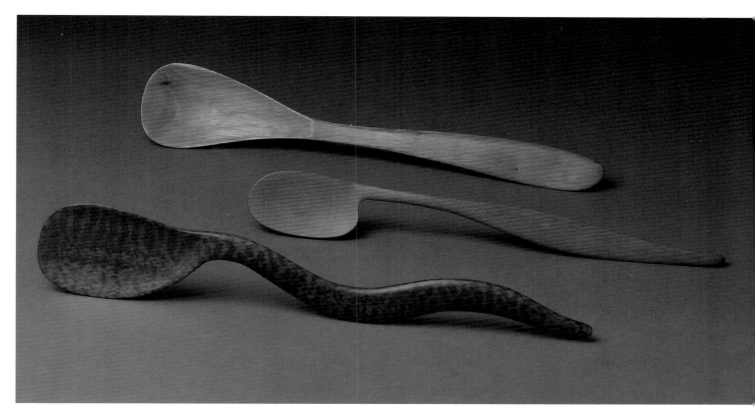

上：
Richard Carlisle
（美）纽约州
2007—2010
山楂木，粉红象牙木，
蛇纹木

下：
William Chappelow
（美）加利福尼亚州
2006
牧豆木

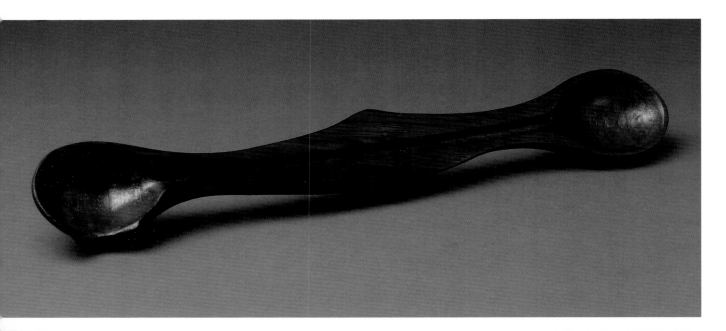

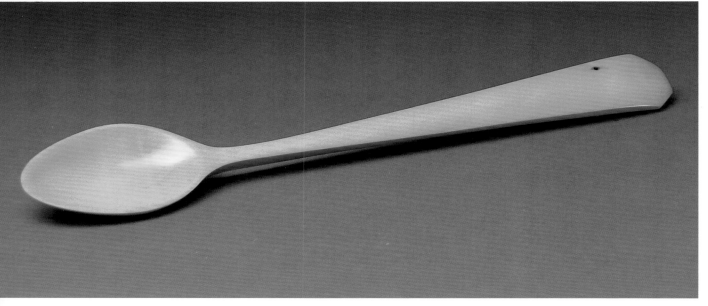

上：
Joseph Chasnoff
（美）西弗吉尼亚州
2010
竹

下：
Russ Cherry
（美）阿拉巴马州
2006
女贞木

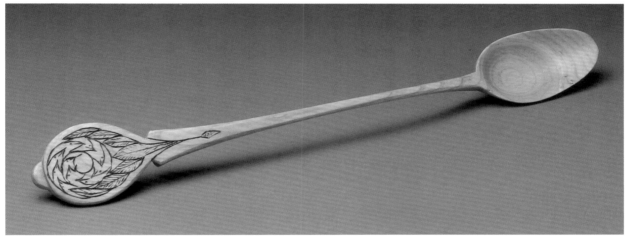

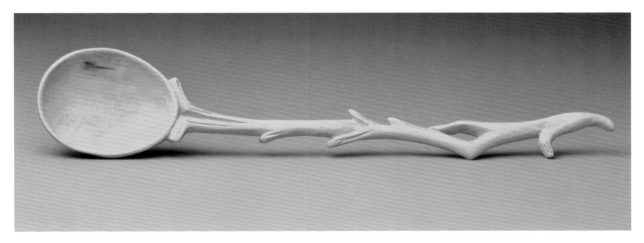

上：
John Chesnes
（美）康涅狄格州
2009
白桦木

中：
Dennis Chicolte
（美）明尼苏达州
2009
欧洲酸樱桃木

下：
Wilber Ciprian
秘鲁
2011
塔拉木（Tara）

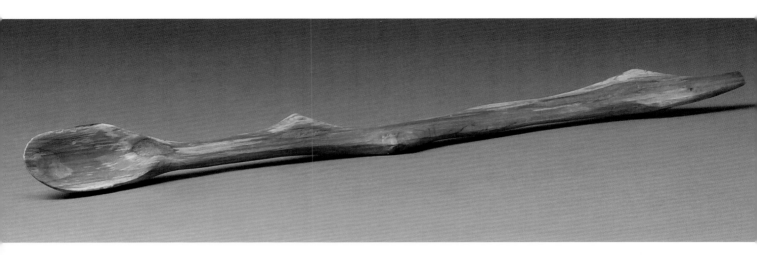

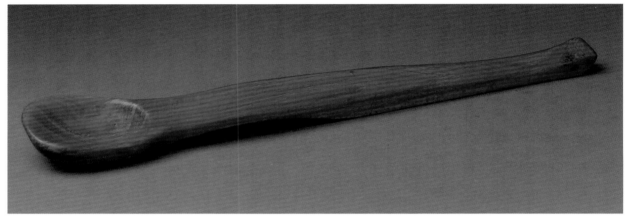

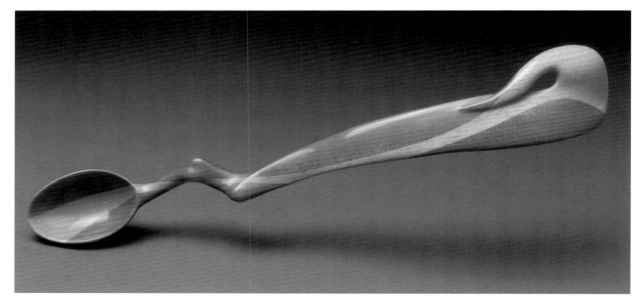

上：
Aaron Clapp
（美）新罕布什尔州
2011
黄檀木

中：
Perry Cobb
（美）纽约州
2006
桑橙木

下：
Ray Cologon
澳大利亚
2006
南紫薇木，舍帝巨盘木

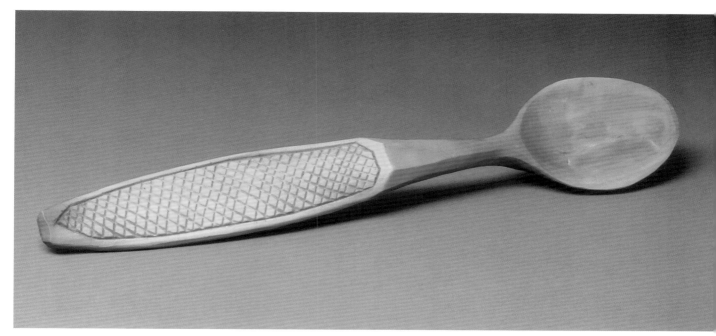

上：
Matthew Comer
（美）北卡罗莱那州
2010
豆梨木

下：
Ron Cook
（美）加利福尼亚州
2006
榆叶梅木

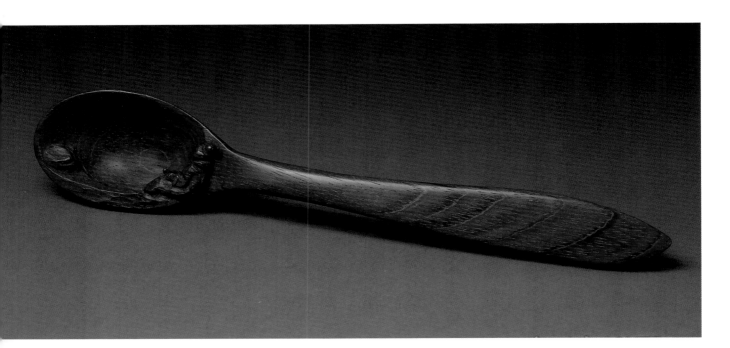

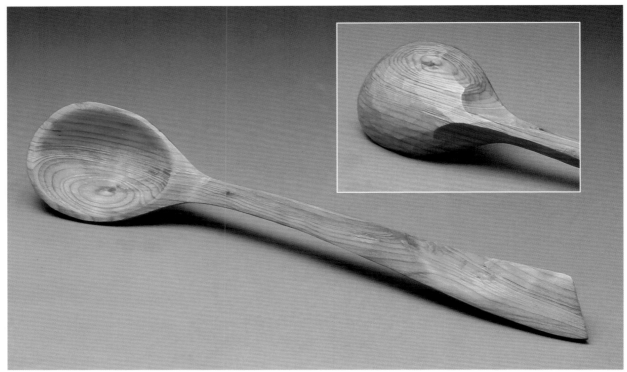

上：
Jeffrey Cooper
（美）新泽西州
2006
苏木

下：
William Coperthwaite
（美）缅因州
2006
紫杉木

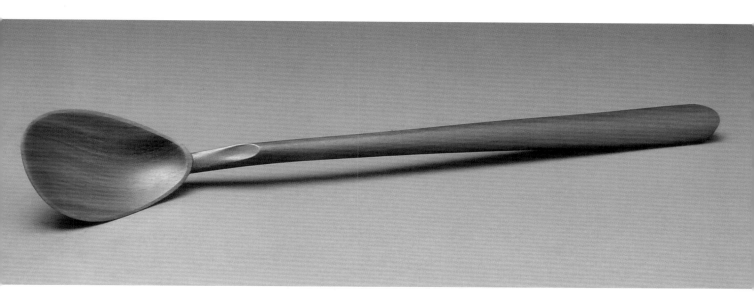

上：
Martin Corbin
澳大利亚
2007
垂枝相思木

下：
Rick Crawford
（美）佛罗里达州
2011
糖槭木（勺头），
海榄雌

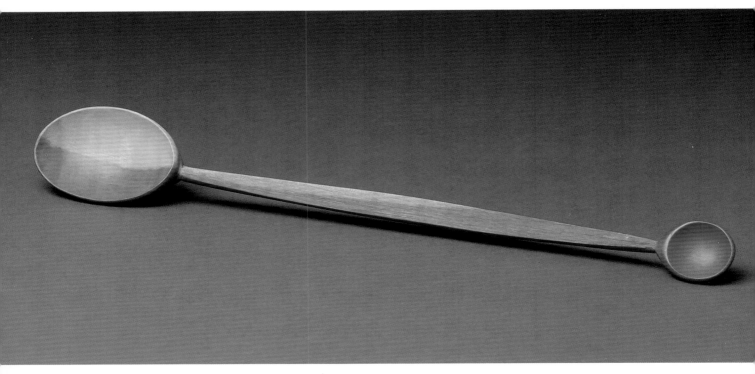

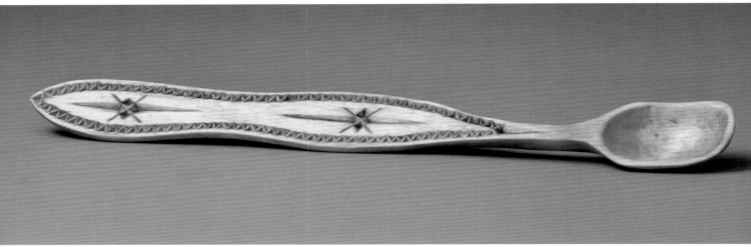

上：
Michael Cullen
（美）加利福尼亚州
2010
桃花心木

下：
Sam Culp
（美）密苏里州
2012
枫木

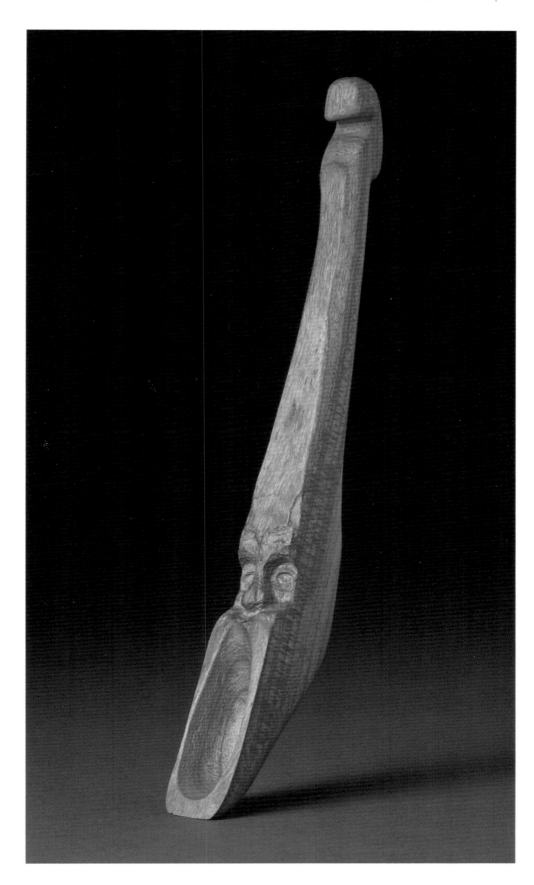

Liviu Cupceancu
（美）康涅狄格州
2011
樱桃木

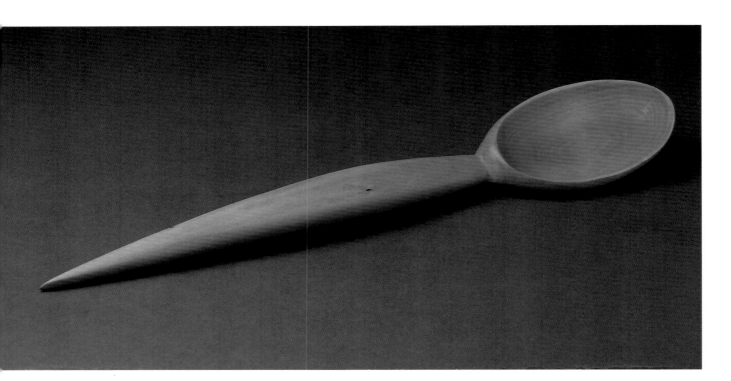

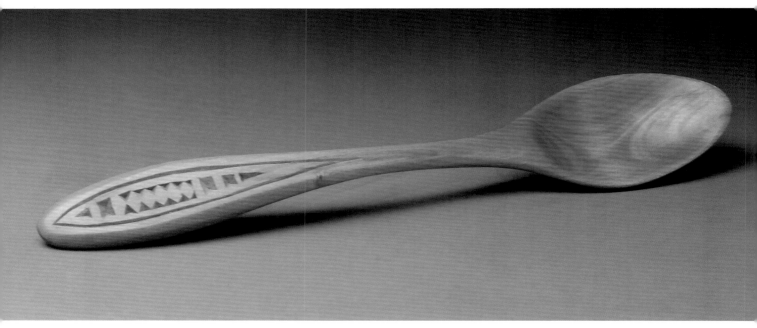

上：
Jeff Cupp
（美）阿拉巴马州
2010
蓝莓木

下：
Jarrod Dahl
（美）威斯康星州
2009
鼠李木

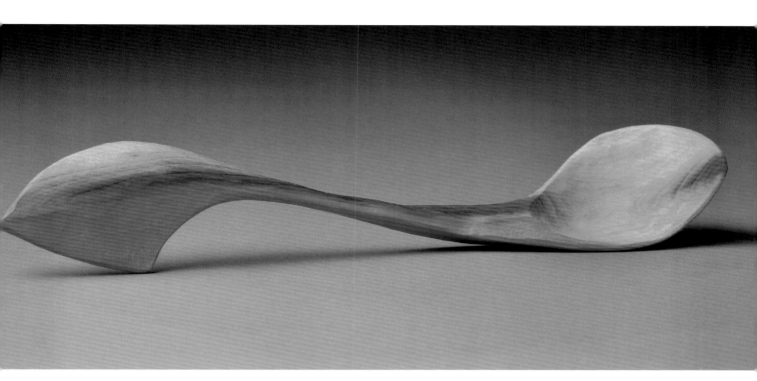

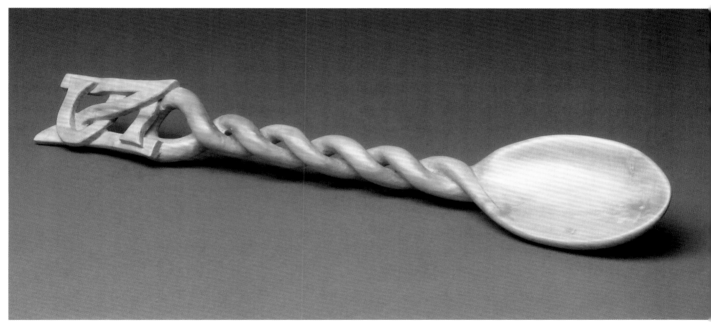

上：
Martin Damen
英格兰
2011
樱桃李木

下：
George Darwall
英格兰
2011
黄杨木

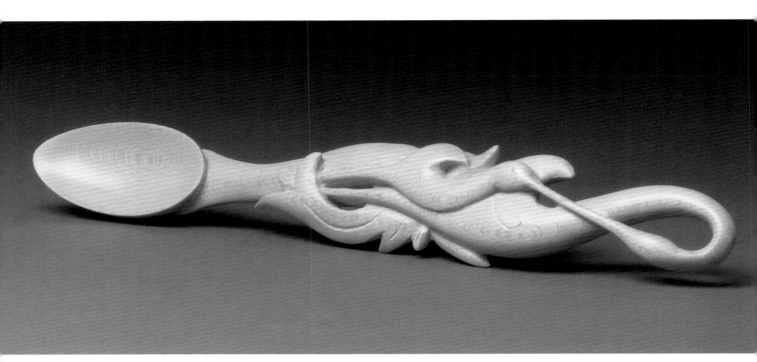

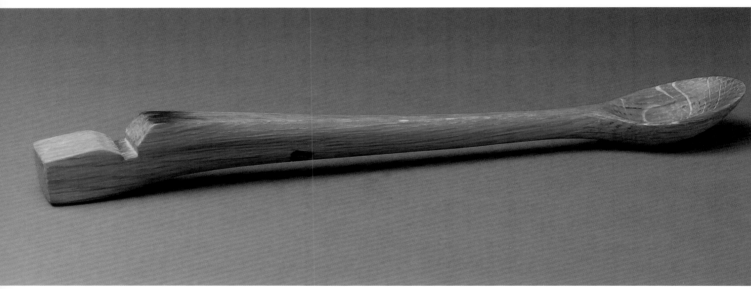

上：
Mike Davies
威尔士
2010
青柠木

下：
Karen Davis
（美）田纳西州
2007
白橡木

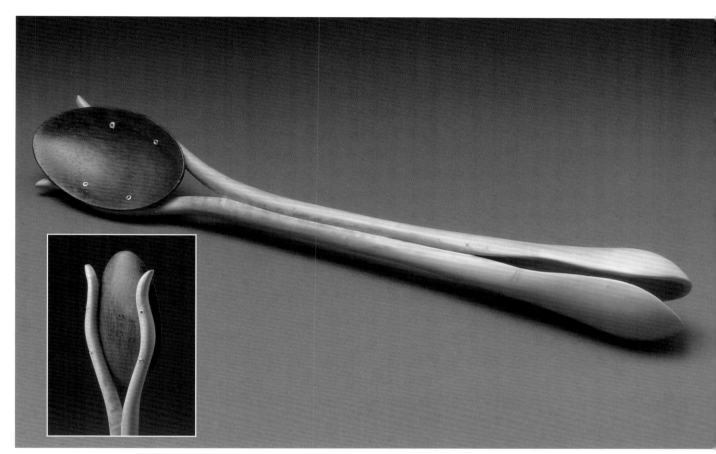

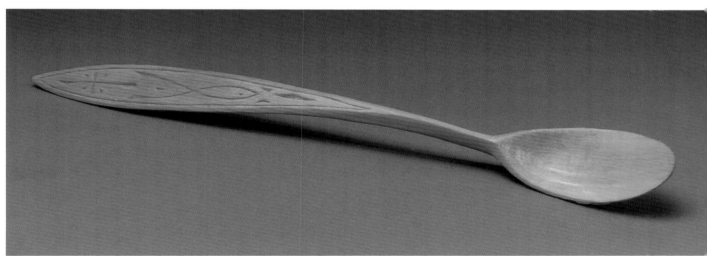

上：
Jon Delp
（美）弗吉尼亚州
2008
英国黄杨木，紫心木

下：
Tom Dengler
（美）明尼苏达州
2008
桦木

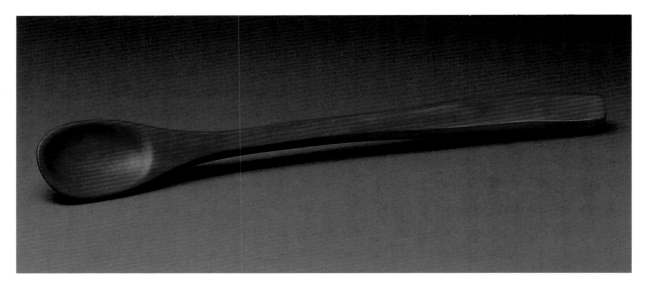

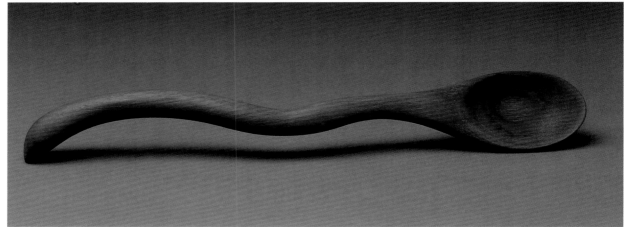

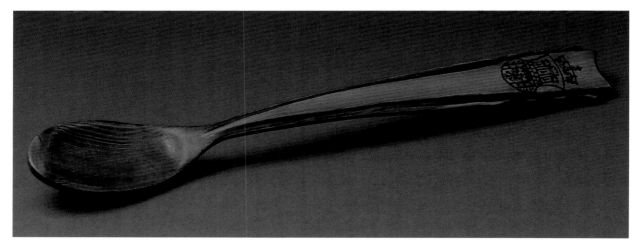

上：
Bob DeWitt
（美）宾夕法尼亚州
2006
樱桃木

中：
Skip Dewhirst
（美）佛蒙特州
2006
海厄大戟木

下：
Matthew Domiczek
（美）康涅狄格州
2009
不详（原书如此）

下：
Dan Dustin
（美）新罕布什尔州
2006
蓝莓木

右：
Kelly Dunn
（美）夏威夷州
2010
Lama

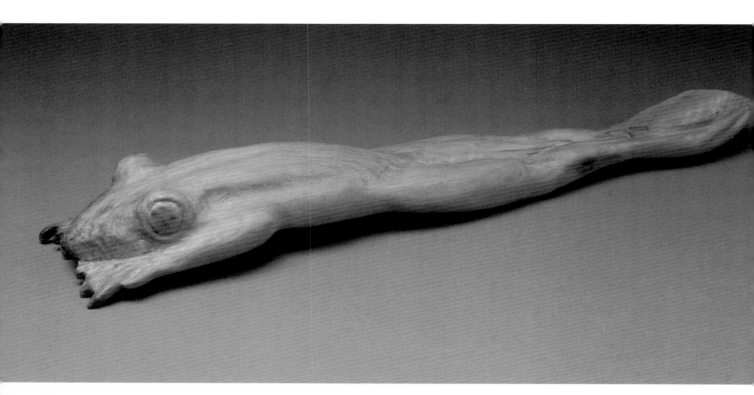

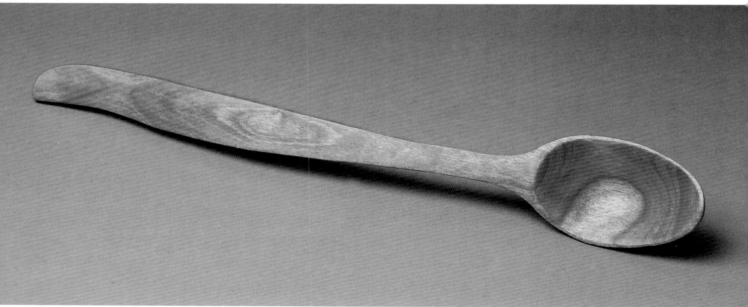

上：
Mark English
（美）西弗吉尼亚州
2009
白橡木

下：
Ryland Erdman
（美）威斯康星州
2009
丁香木

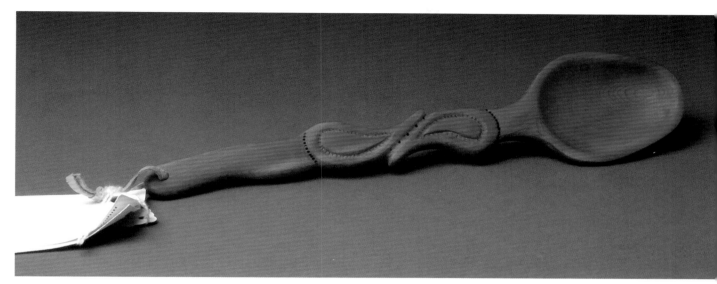

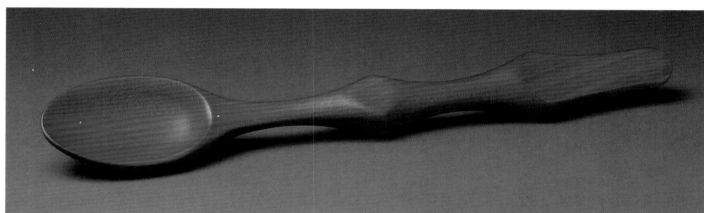

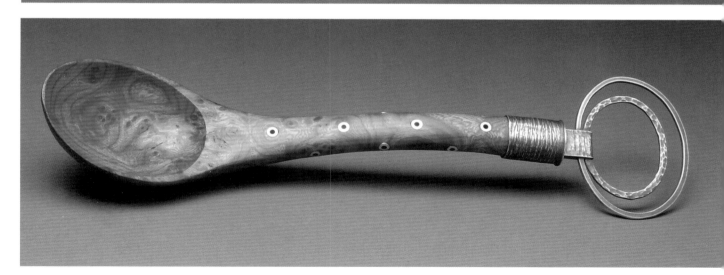

上：
Hassan Ezzaki
摩洛哥
2011
刺柏

中：
Peter Faletra
（美）新罕布什尔州
2006
樱桃木

下：
Deb Fanelli
（美）佛蒙特州
2008
丹麦榆木

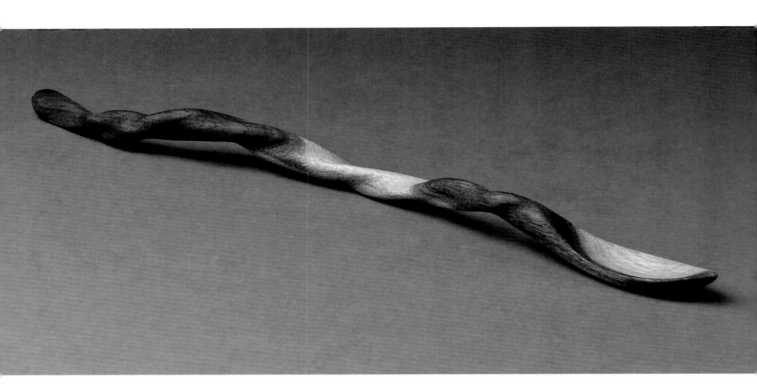

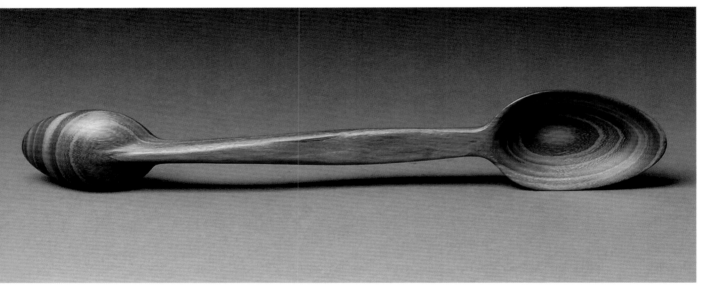

上：
Rich Fasel
（美）德克萨斯州
2010
德克萨斯乌木

下：
Robin Fawcett
英格兰
2011
金链花木

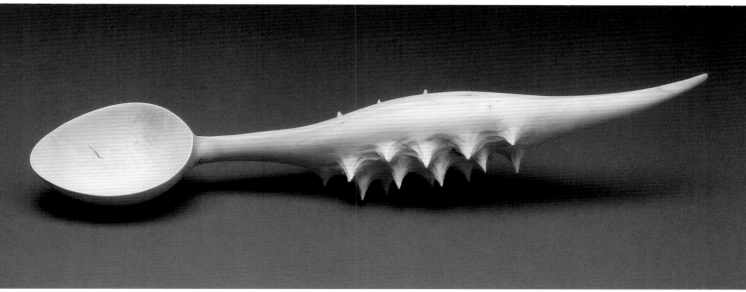

上：
Roger Filipelli
（美）加利福尼亚州
2007
浆果鹃木

下：
Doug Finkel
（美）弗吉尼亚州
2008
黄杨木

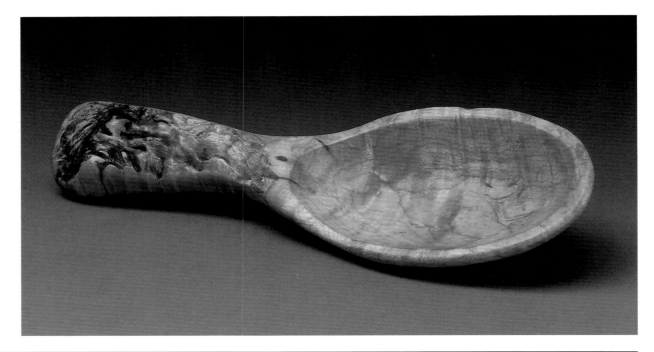

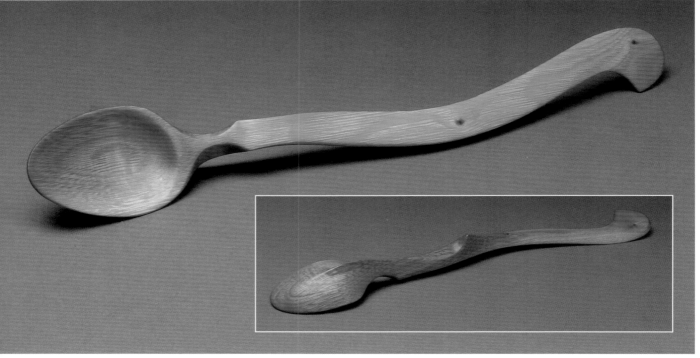

上：
Eddie Fletcher
（美）西弗吉尼亚州
2006
糖槭木

下：
Frank Foltz
（美）明尼苏达州
2006
鼠李木

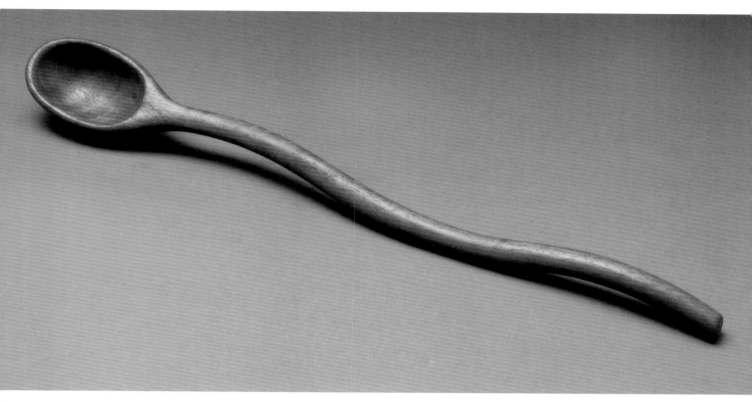

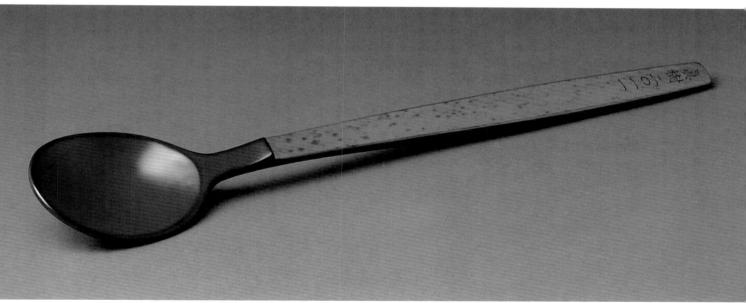

上：
Ken Free
澳大利亚
2006
赤桉木

下：
Maki Fushimi
日本
2011
竹

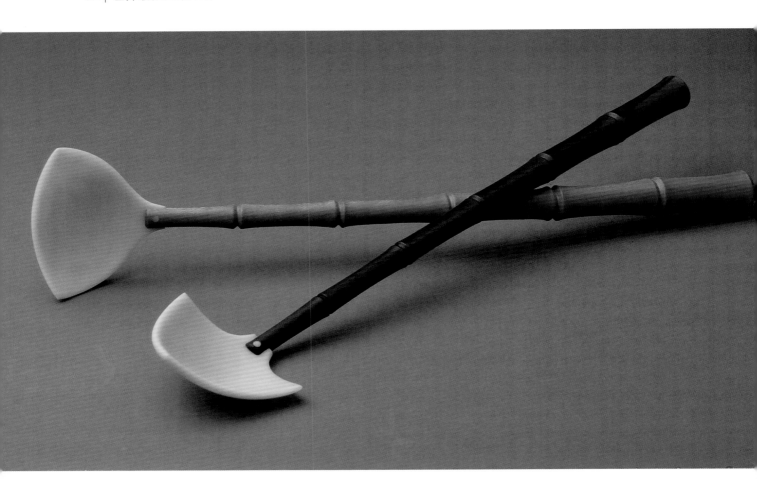

上：
Mark Gardner
（美）北卡罗莱那州
2006
山茱萸木，乌木，
象牙果

下：
Dewey Garrett
（美）加利福尼亚州
2010
核桃木

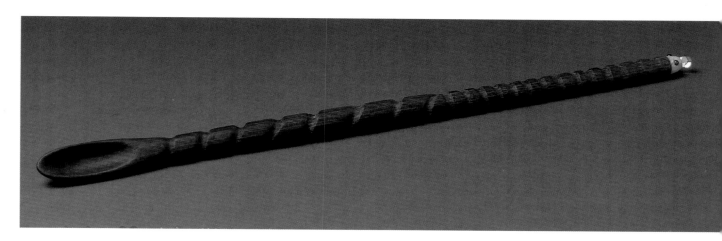

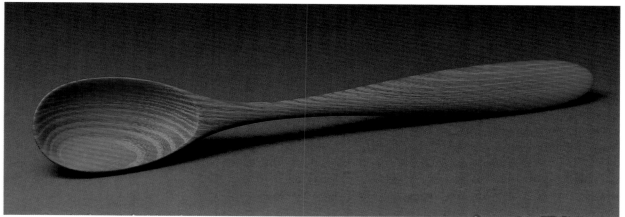

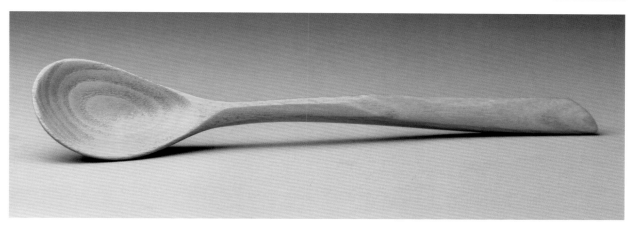

上：
Mike Glasgow
（美）阿拉斯加州
2006
紫心木

中：
Steve Gobic
（美）田纳西州
2010
桑橙木

下：
Barry Gordon
（美）纽约州
2011
榆木

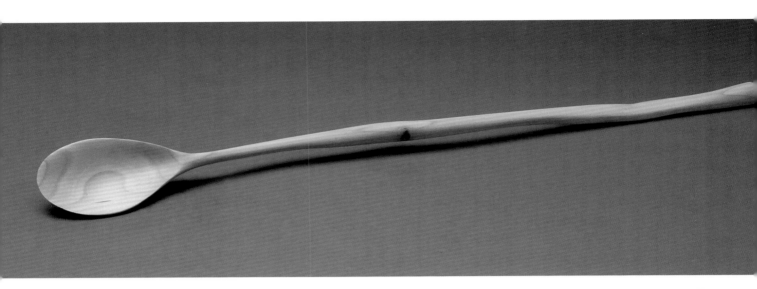

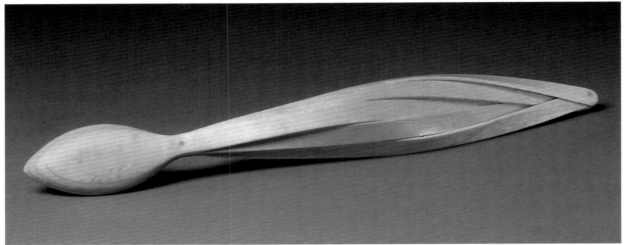

上：
Rick Gorman
（美）加利福尼亚州
2006
圣罗莎李木

中：
Hans Gottsacker
（美）密歇根州
2011
枫木

下：
Trevor Hadden
（美）加利福尼亚州
2010
柚木

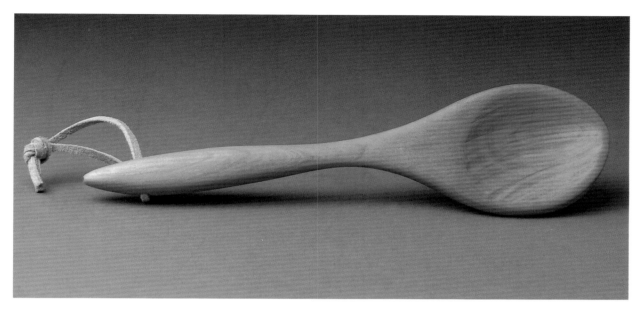

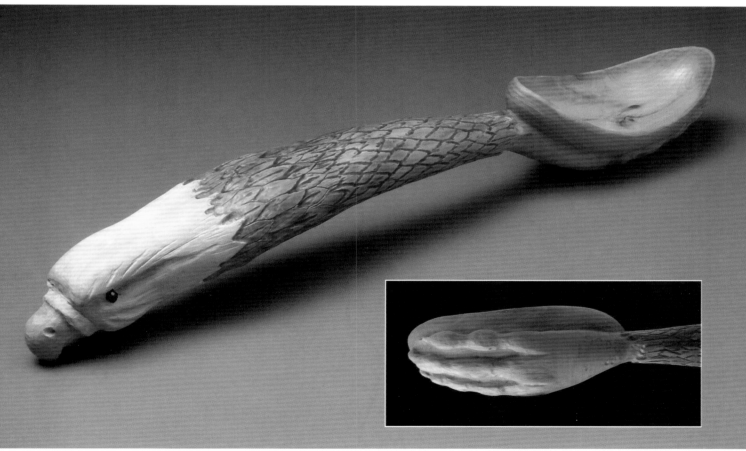

上：
David Hanson
（美）密苏里州
2008
樱桃木

下：
Connie Hardt
（美）阿肯色州
2006
浆果鹃木

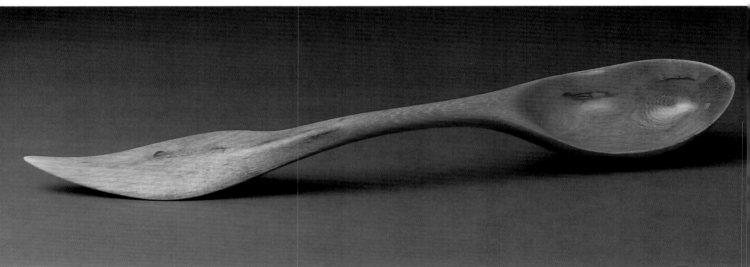

上：
Jan Harm der Brugge
荷兰
2006
桦木

下：
Helen Harrison
（美）佛罗里达州
2010
三角梅木

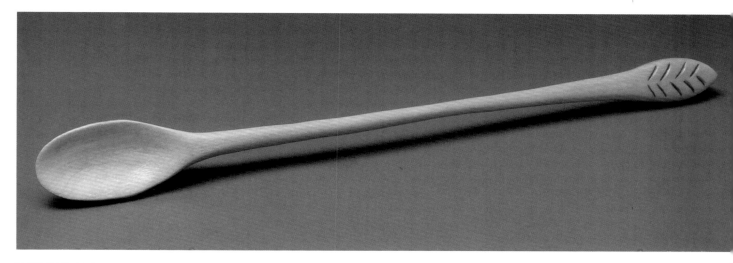

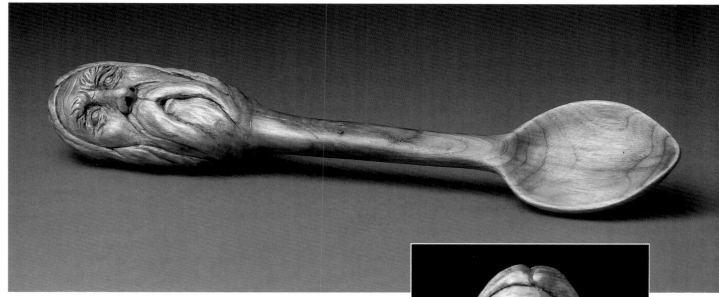

上：
Ray Helgager
（美）南达科他州
2006
桦木

下：
Johnny Hembree
（美）北卡罗莱那州
2007
渍纹灰胡桃木

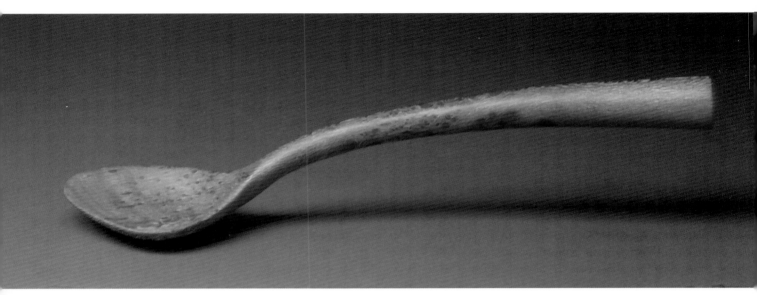

上：
Sean Hellman
英格兰
2011
英国梧桐木

左：
Ralph Hentall
英格兰
2010
橡木

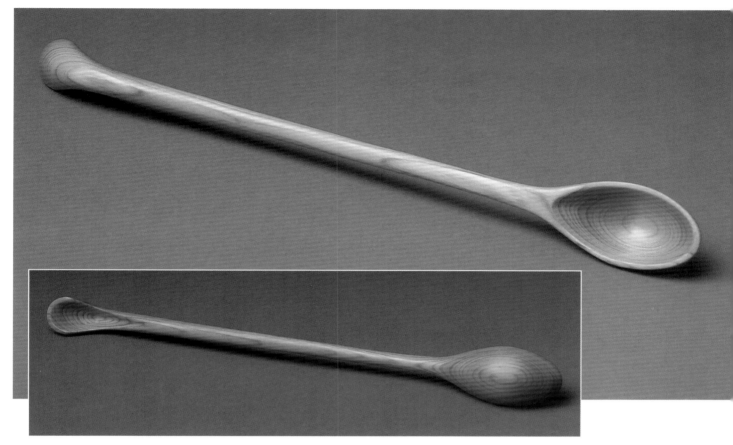

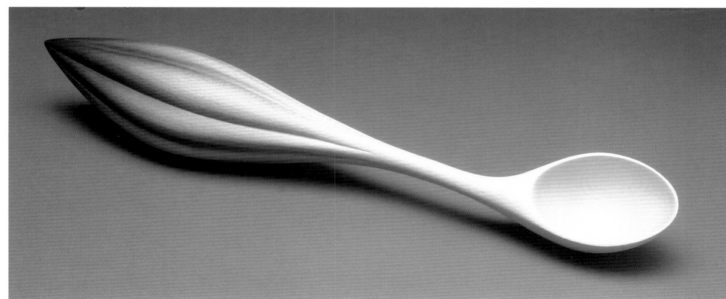

上：
Lance Herriott
加拿大
2009
紫杉木

下：
Louise Hibbert
英国
2008
英国梧桐木

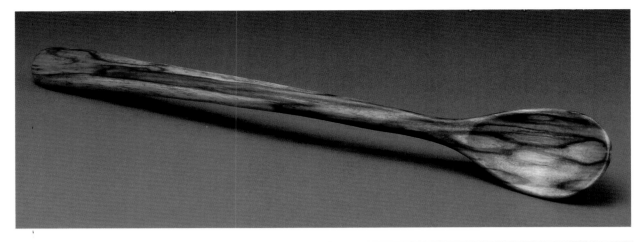

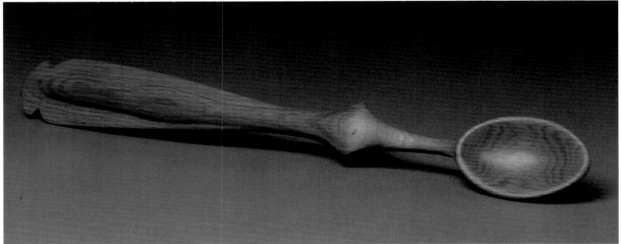

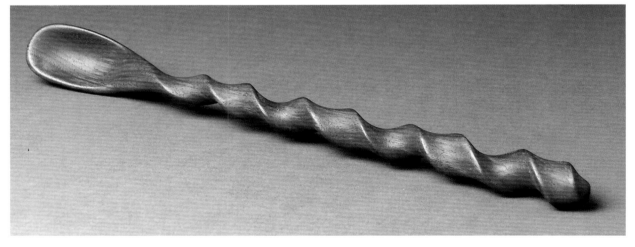

上：
Jim Hill
（美）蒙大拿州
2008
渍纹枫木

中：
Simon Hill
英格兰
2011
金链花木

下：
Rita Hjelle
（美）北达科他州
2008
黑胡桃木

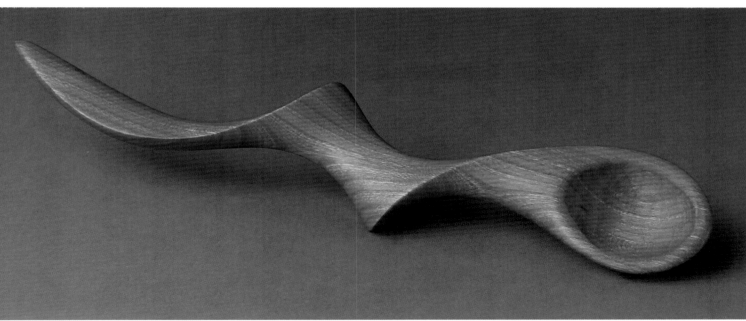

上：
Rodney Hopkins
（美）北卡罗莱那州
2009
美国冬青木

下：
David Hurwitz
（美）佛蒙特州
2007
樱桃木

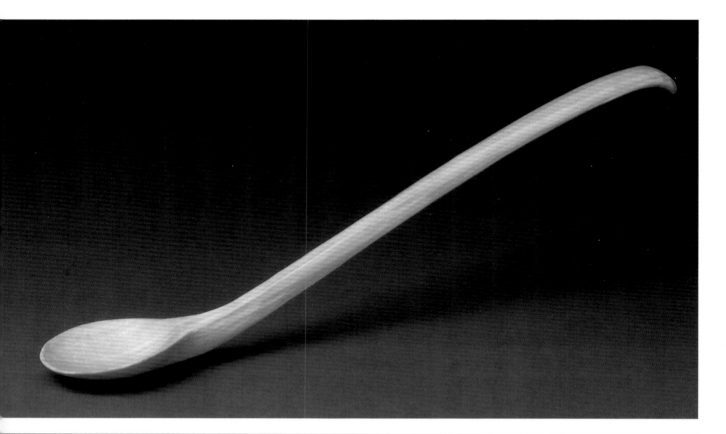

上：
Tomio Imaru
日本
2010
枫木

下：
Constantin Ion
罗马尼亚
2008
桦木

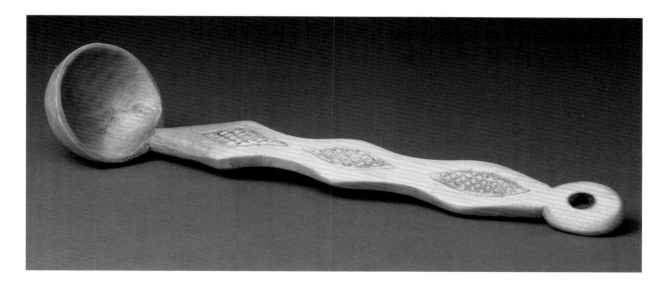

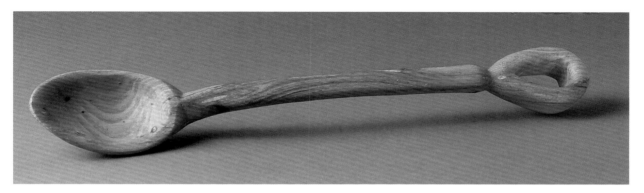

上：
Vasile Iremescu
罗马尼亚
2008
接骨木

中：
Noriko Isogai
（美）佛蒙特州
2011
梓木

下：
Sue Jennings
（美）西弗吉尼亚州
2010
毒葛

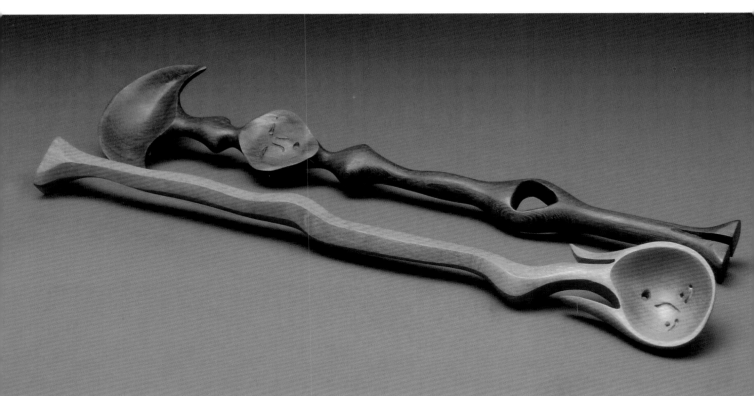

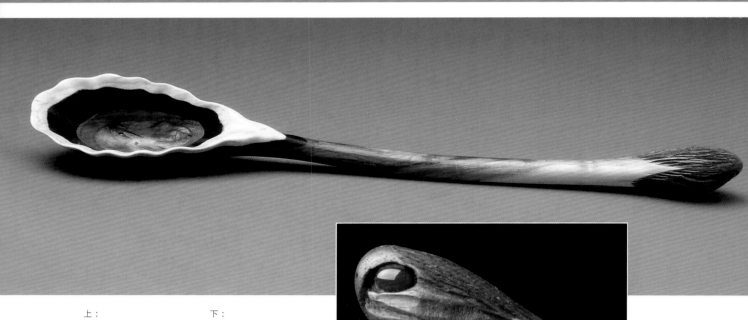

上：
Paul Jensen
（美）威斯康星州
2007
褐乌木，粉红象牙木

下：
Verne Judkins
（美）爱达荷州
2007
乌木，李木，核桃木，
骨头

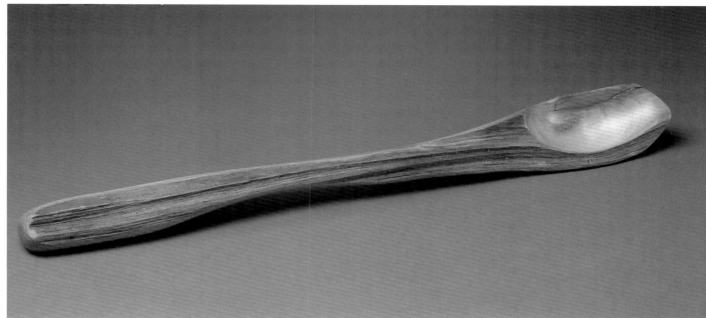

下：
Anatolyi Kalinka
立陶宛
2008
桦木

上：
Phil Jurus
（美）宾夕法尼亚州
2010
枫木

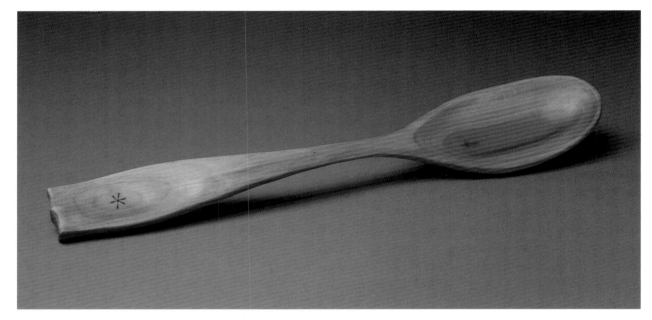

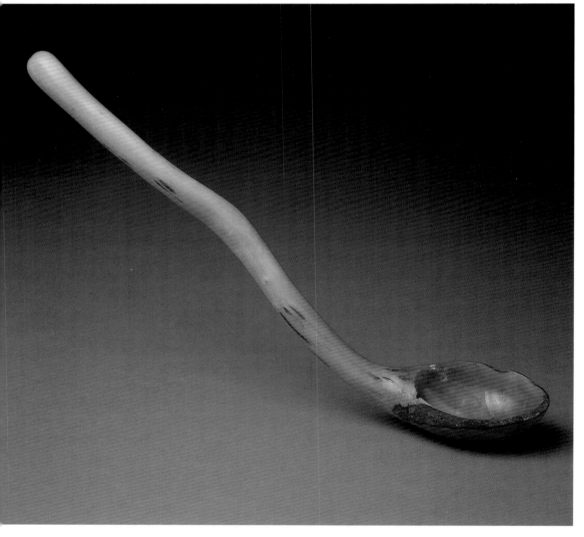

上：
Henry Karlsson
瑞典
2005
李木

左：
Beth Kenyon
（美）俄亥俄州
2007
杜鹃木

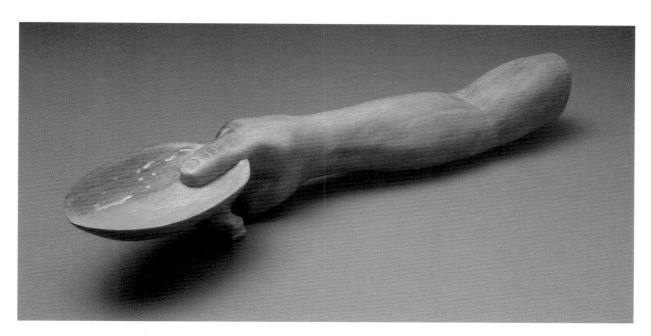

上：
Rich Klein
（美）南卡罗莱纳州
2006
渍纹粉红山茱萸木

右：
Wladek Klusiewica
波兰
2008
菩提木

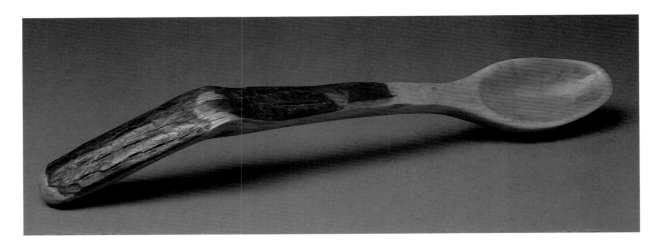

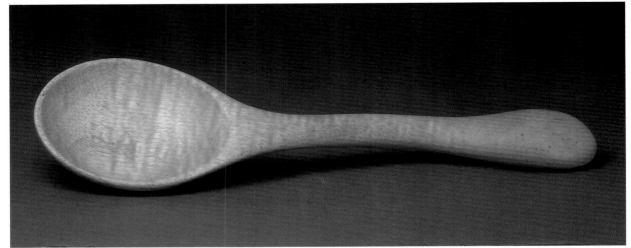

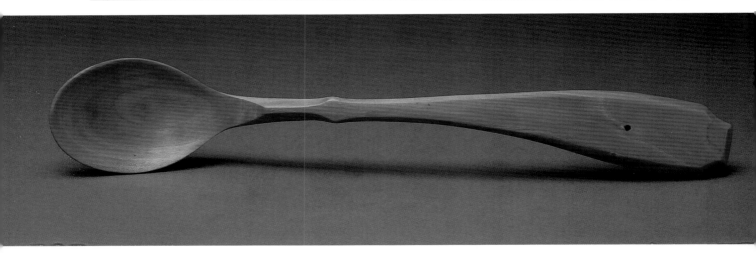

上：
Mark Kneeland
（美）新罕布什尔州
2006
月桂木

中：
Michael Koren
澳大利亚
2011
舍帝巨盘木

下：
Emma Kromvic School carvers
（美）明尼苏达州
2007
杏木

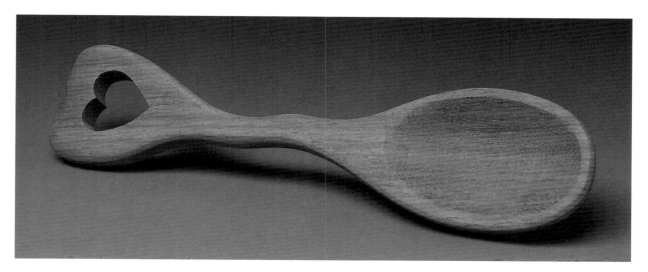

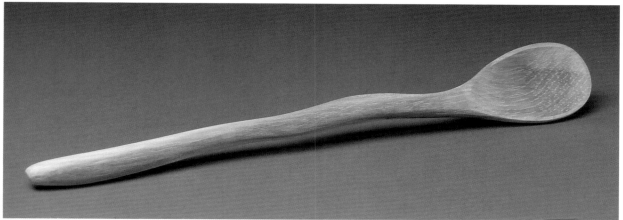

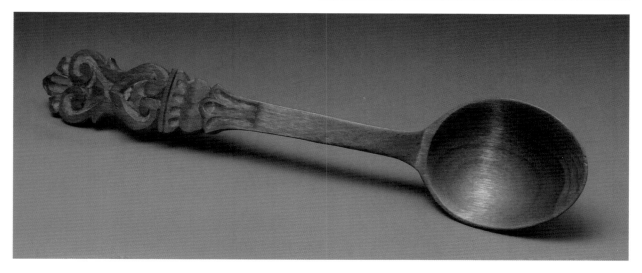

上：
Jim & Karen Kuhlmann
（美）德克萨斯州
2006
樱桃木

中：
Simon Lamb
英格兰
2011
山毛榉木

下：
Tom Latané
（美）威斯康星州
2008
桦木

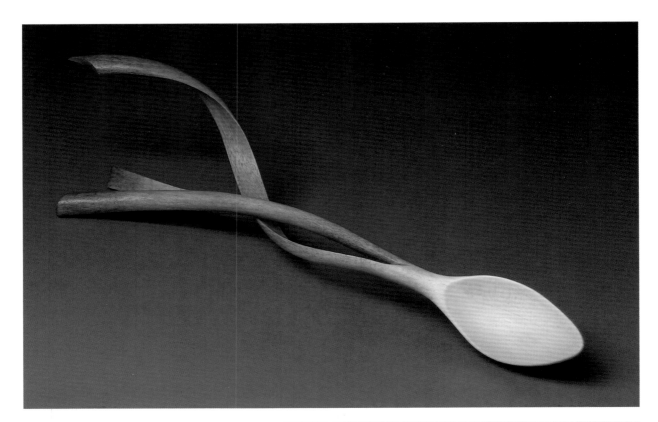

上：
Kristin LeVier
（美）爱达荷州
2011
压缩枫木

下：
Phil Lingelbach
（美）俄勒冈州
2010
鼠李木

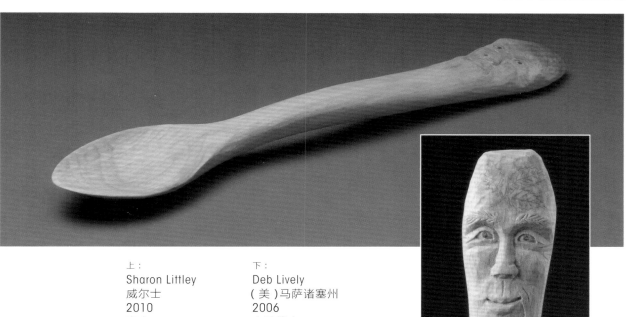

上：
Sharon Littley
威尔士
2010
李木

下：
Deb Lively
（美）马萨诸塞州
2006
山毛榉木

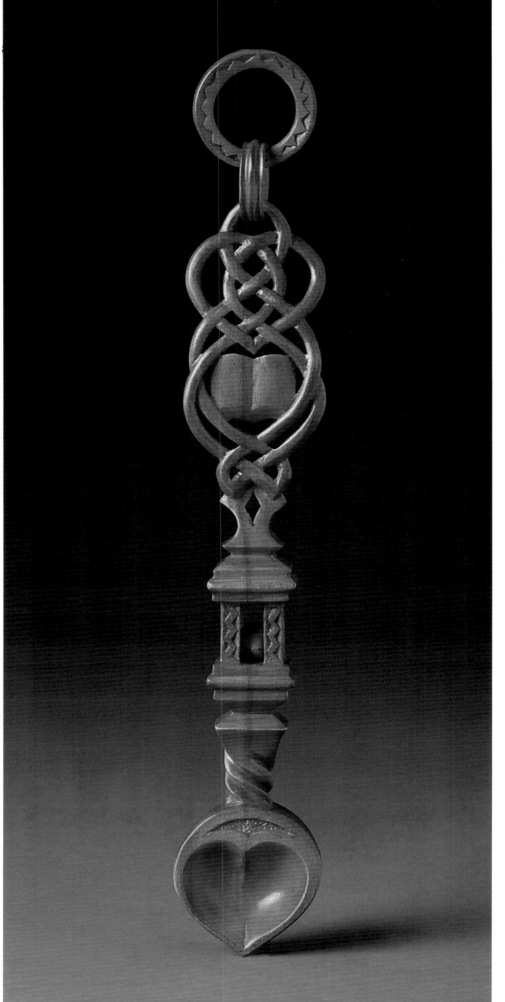

Siôn Llewellyn
威尔士
2010
冬青木

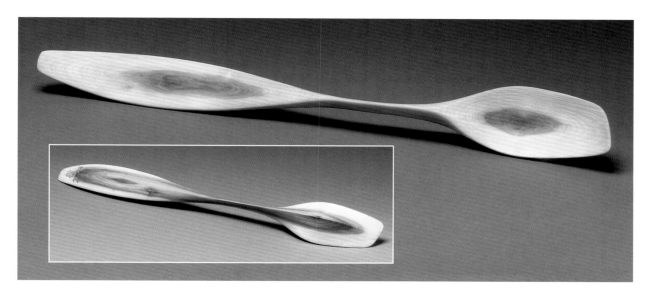

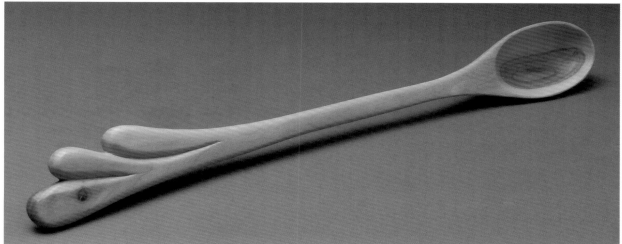

上：
Fred Livesay
（美）明尼苏达州
2010
丁香木

中：
Barry Loewen
加拿大
2006
苹果木

下：
Clifford Lee Logan
（美）密歇根州
2006
橙木

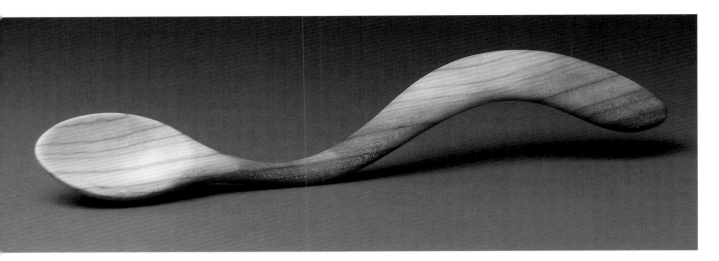

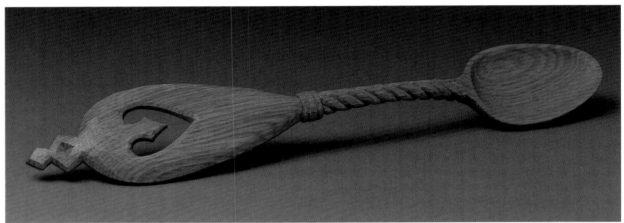

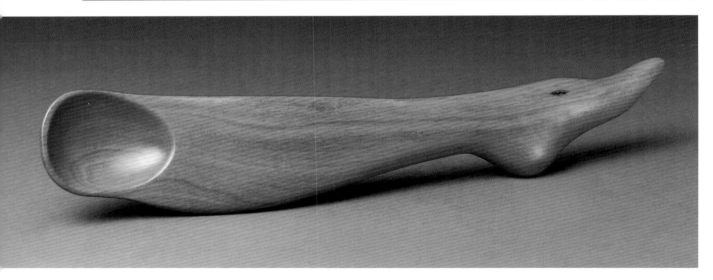

上：
Tom Lowe
（美）弗吉尼亚州
2008
木兰木

中：
Becky Lusk
（美）威斯康星州
2009
胡桃木

下：
Marty Mandelbaum
（美）纽约州
2010
粉红象牙木

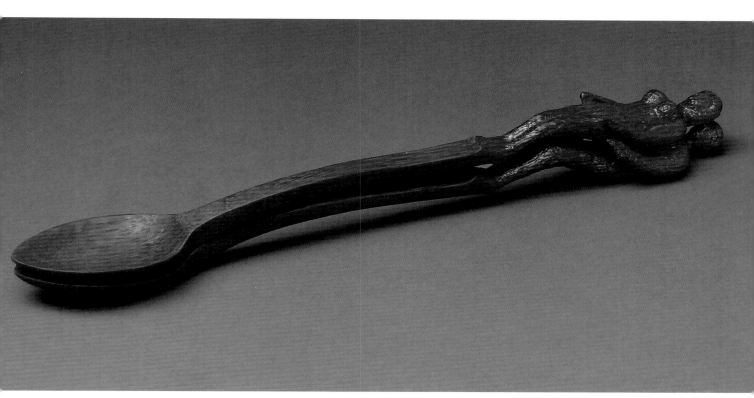

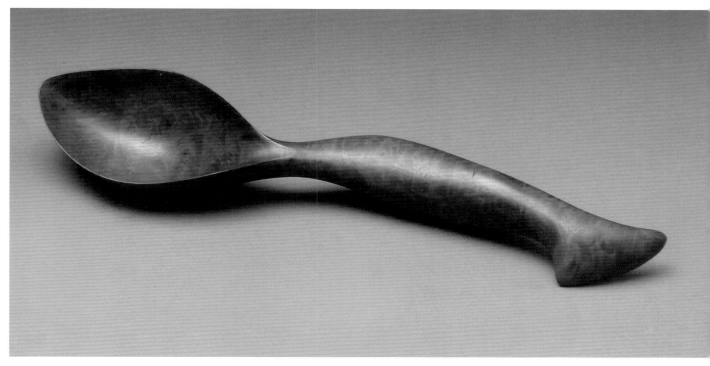

上：
John Magnan
（美）马萨诸塞州
2006
紫心木

下：
Harry Mangalan
（美）加利福尼亚州
2007
赤桉木，黑色环氧树脂

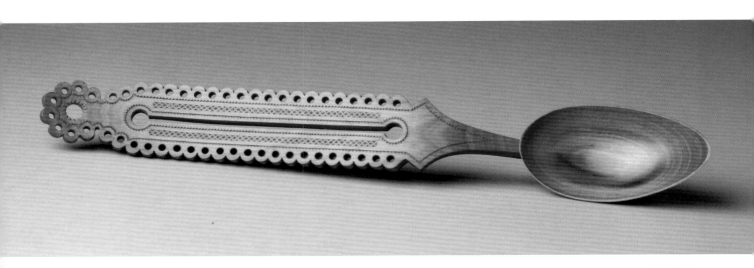

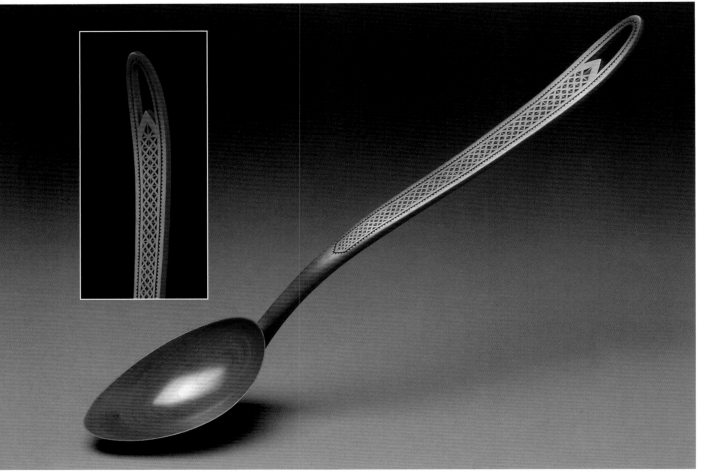

上：
Sorin & Zina
Manesa-Burloiu
罗马尼亚
2011
李木

下：
Zina Manesa-Burloiu
罗马尼亚
2008
李木

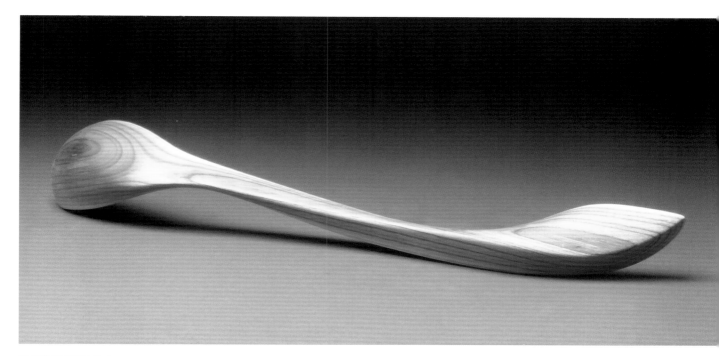

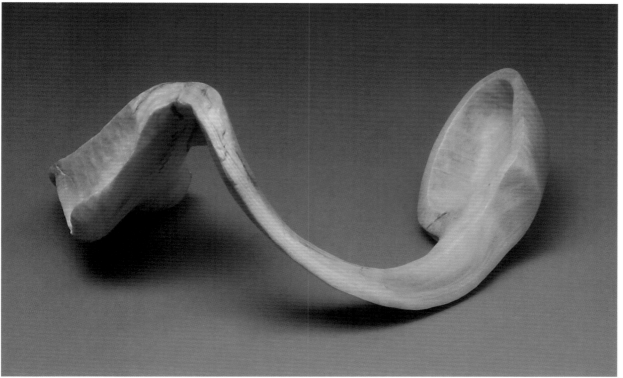

上：
Ben Manns
（美）宾夕法尼亚州
2008
漆木

下：
Philip Marshall
（美）阿拉斯加州
2009
黑云杉木

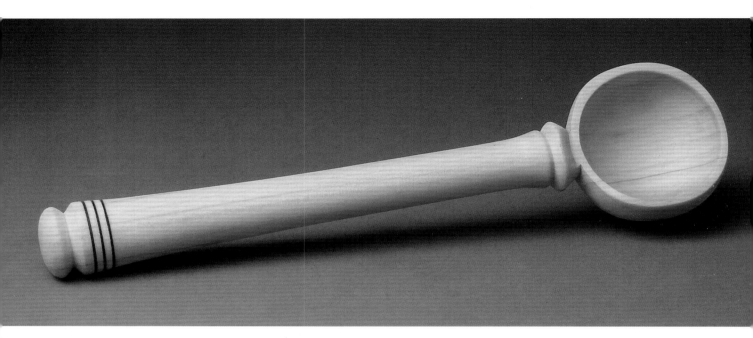

上：
Stephen Massman
（美）密苏里州
2010
郁金香木

下：
Jim Mayes
（美）加利福尼亚州
2011
黄心木

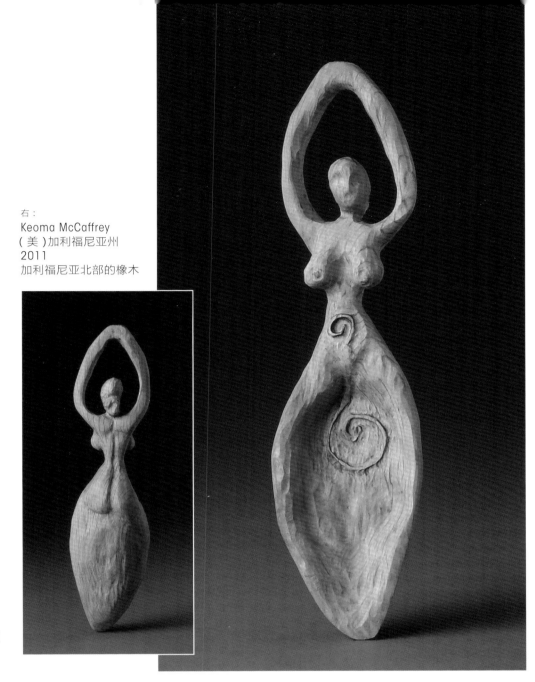

右：
Keoma McCaffrey
（美）加利福尼亚州
2011
加利福尼亚北部的橡木

下：
Tom McColley
（美）西弗吉尼亚州
2006
红橡木

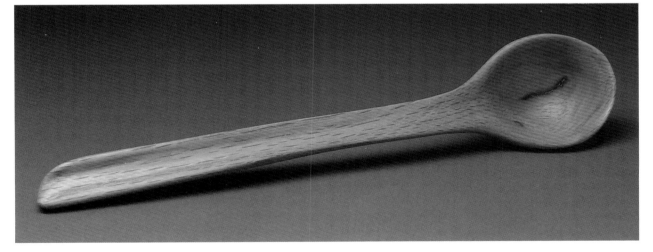

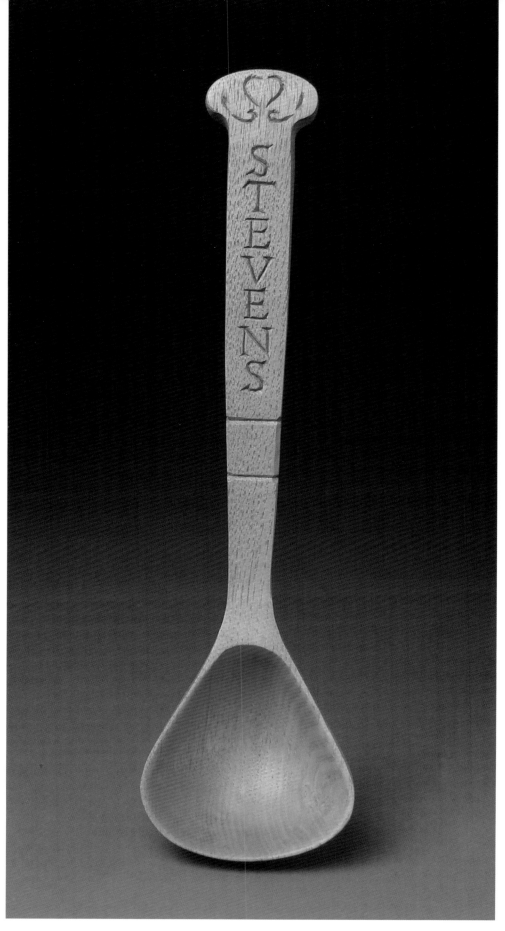

Jim McGie
（美）田纳西州
2006
檫木

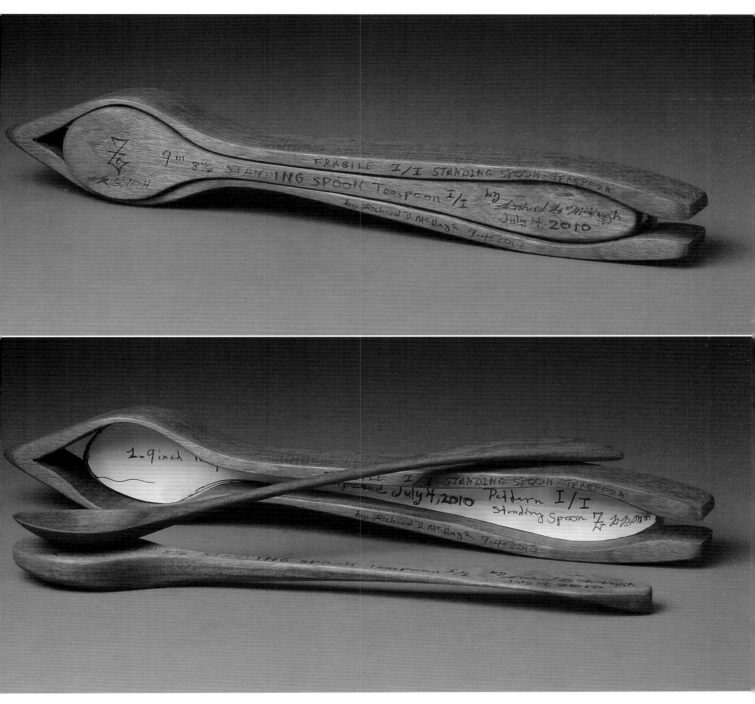

Richard McHugh
（美）缅因州
2010
梧桐木

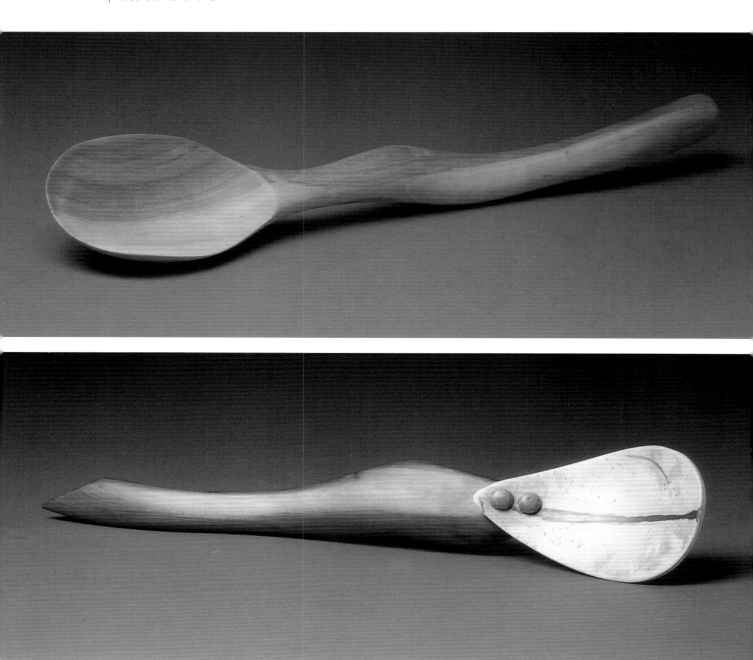

上：
Jim McHugh
（美）马萨诸塞州
2006
苹果木

下：
John McKenzie
（美）宾夕法尼亚州
2011
雪松木，椰子木

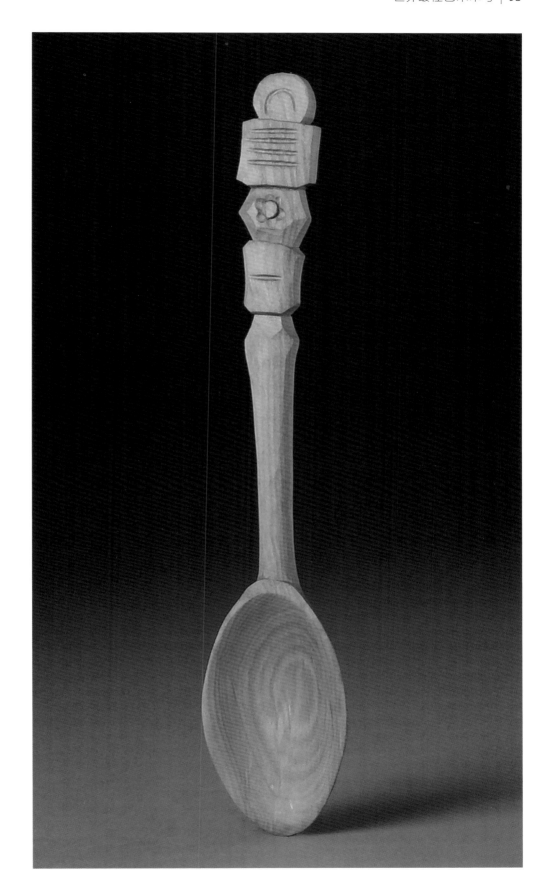

Ray Medeiros
（美）康涅狄格州
2011
香枫木

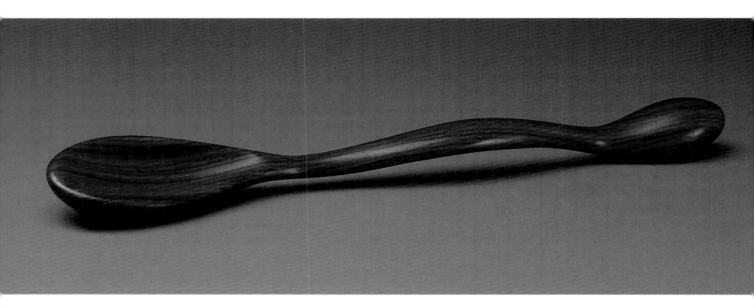

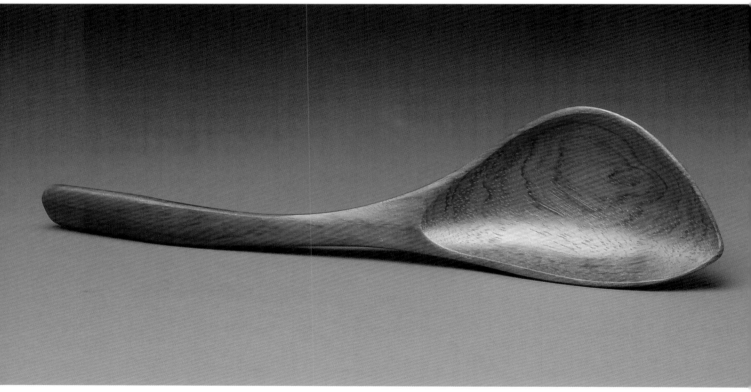

上：
Marc Meng
（美）俄克拉荷马州
2006
黄檀木

下：
Emil Milan
（美）新泽西州
未提供
不详

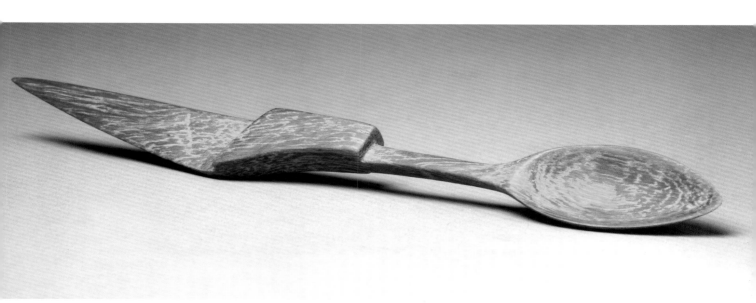

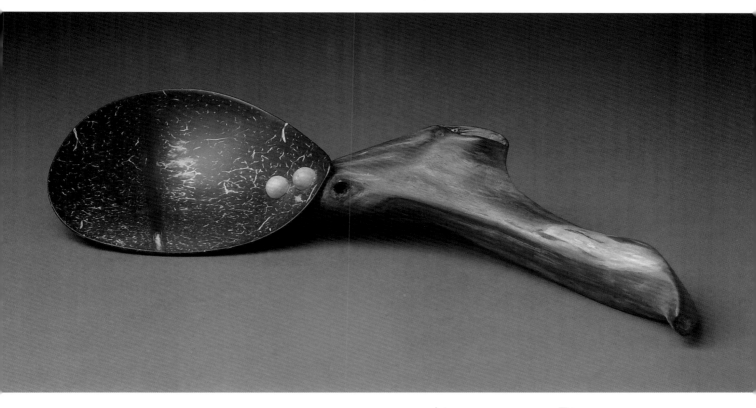

上：
Khamis Mnembah
肯尼亚
2012
高贵绿柄桑木

下：
Warren Moeller
（印尼）巴厘岛
2010
漂流木，椰子木

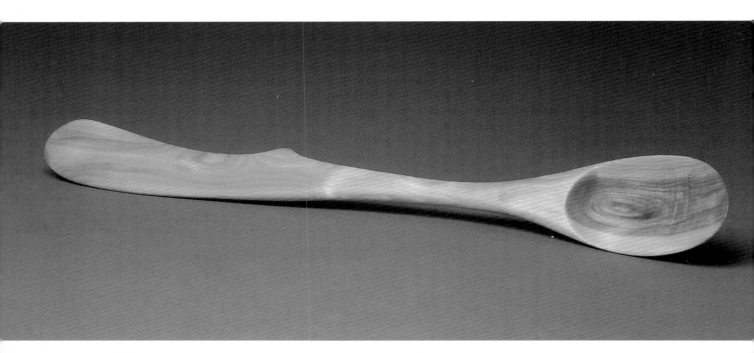

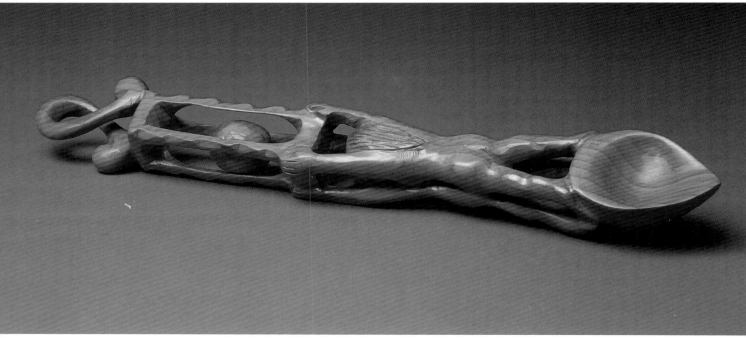

上：
Yuri Moldenauer
（美）明尼苏达州
2011
丁香木

下：
Andrew Moore
苏格兰
2006
紫杉木

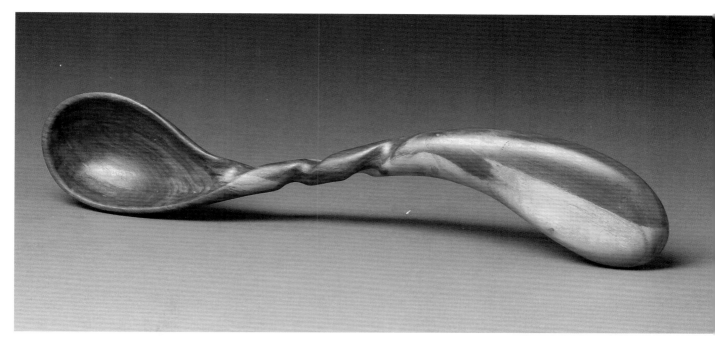

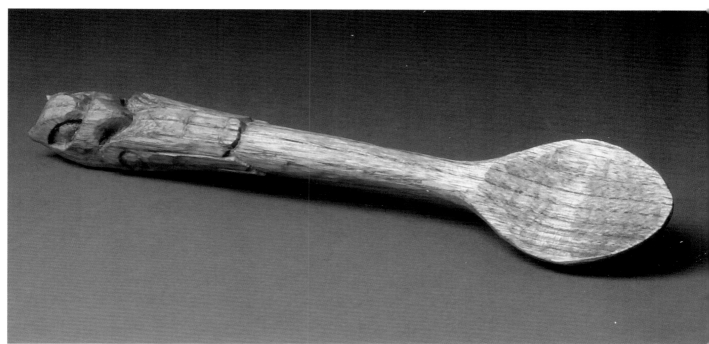

上：
John Moore
（美）华盛顿州
2011
杏木

下：
Michael Murphy
（美）肯塔基州
2011
美国肥皂荚木

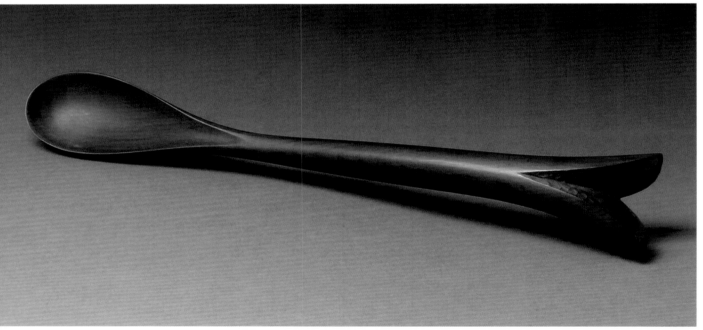

上：
Terry Nelson
（美）德克萨斯州
2006
牧豆木

下：
Brian Newell
（美）加利福尼亚州
2010
非洲黑木

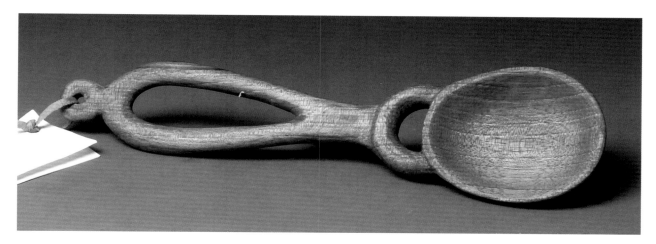

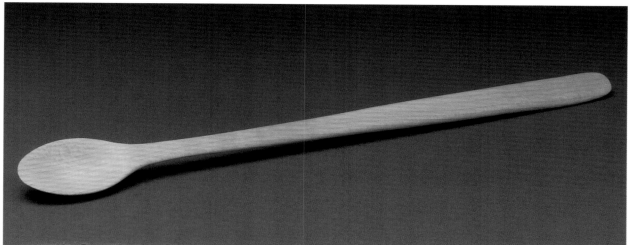

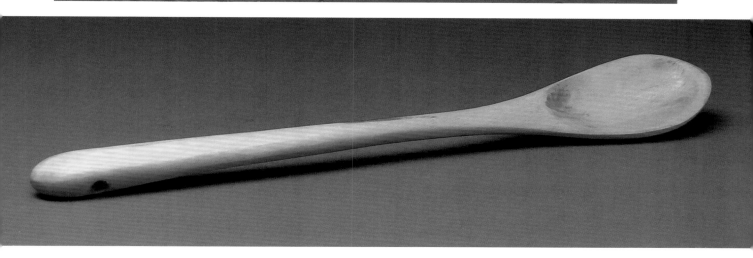

上：
M'hamed Nimezouaren
摩洛哥
2011
核桃木

中：
Pascal
（美）明尼苏达州
2007
岩枫木

下：
Phil & Joyce Payne
（美）西弗吉尼亚州
2006
白桦木

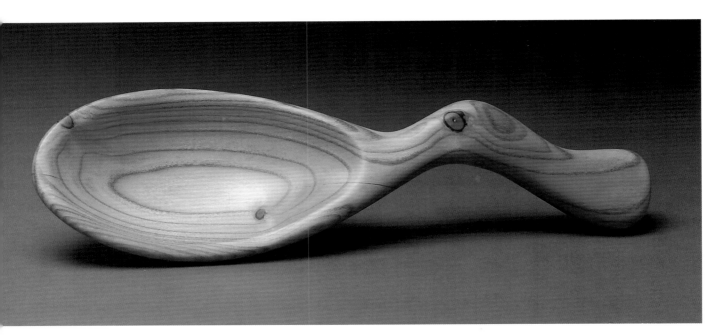

上：
Peter Petrochko
（美）康涅狄格州
2011
梨木

左：
Nick Petruska
（美）阿拉斯加州
2008
白雪松木

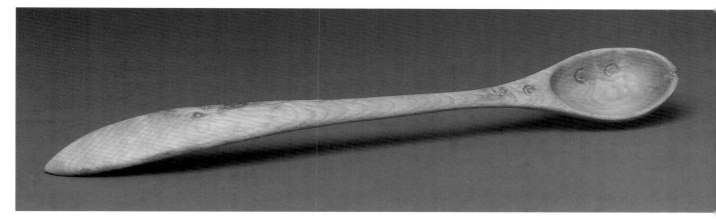

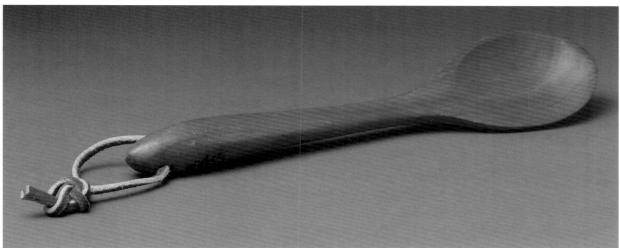

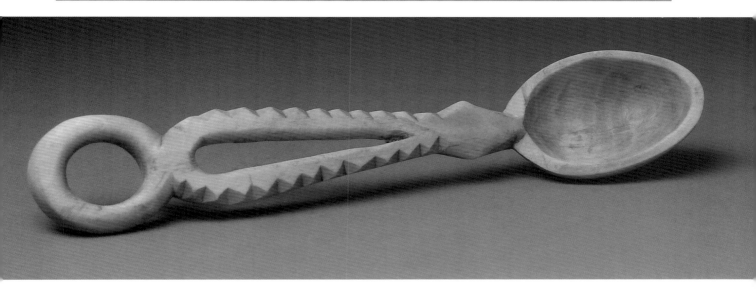

上：
Ken Pettigrew
加拿大
2007
鸟眼枫木

中：
Gin Petty
（美）肯塔基州
1984
樱桃木

下：
Dragos Puha
罗马尼亚
2008
接骨木

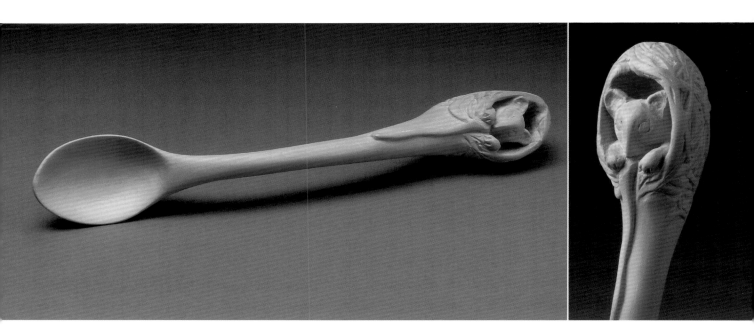

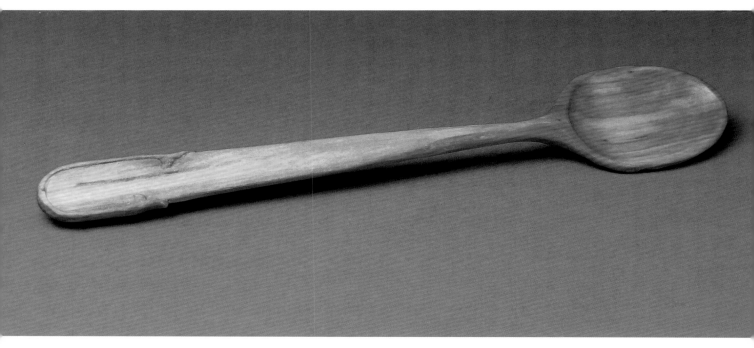

上：
Ainslie Pyne
澳大利亚
2008
水松木

下：
Karen Randall
（美）明尼苏达州
2010
桦木

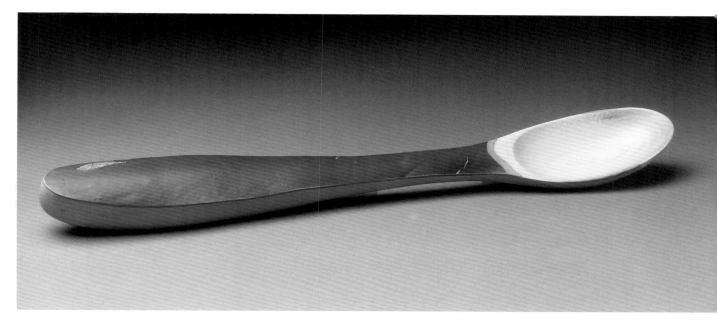

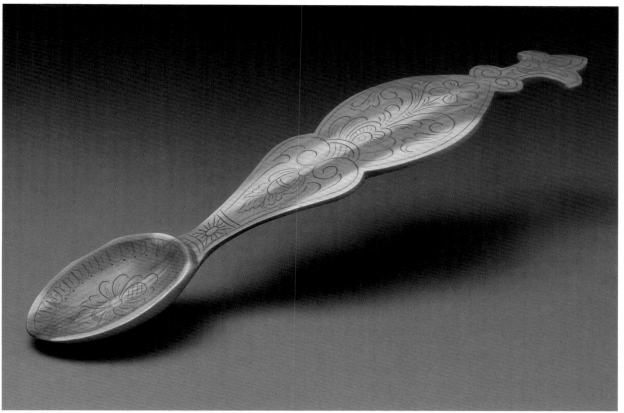

上：
Dale Randles
（美）华盛顿州
2006
浆果鹃木

下：
Jidu Ritger
（美）明尼苏达州
2006
红雪松木

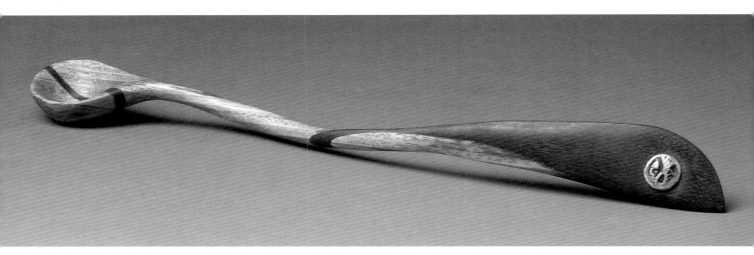

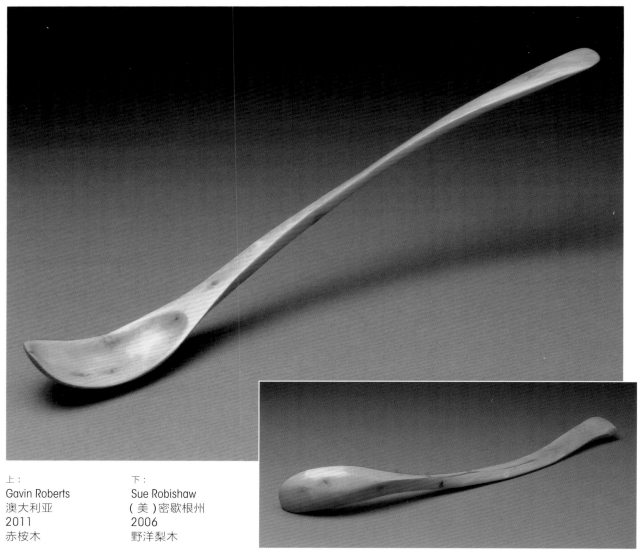

上：
Gavin Roberts
澳大利亚
2011
赤桉木

下：
Sue Robishaw
（美）密歇根州
2006
野洋梨木

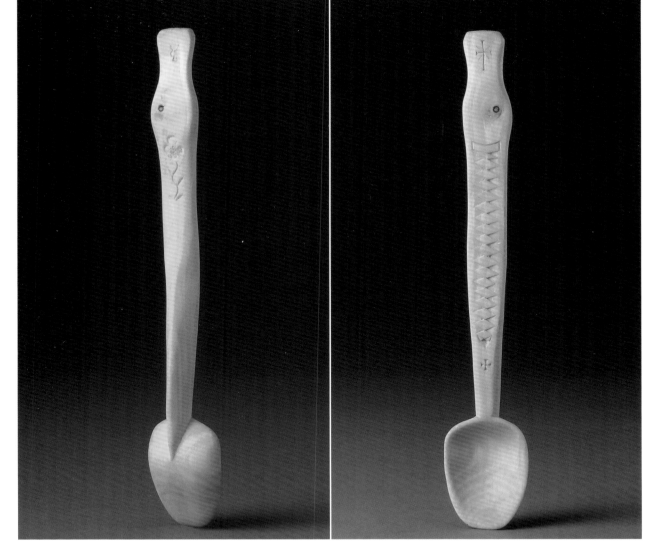

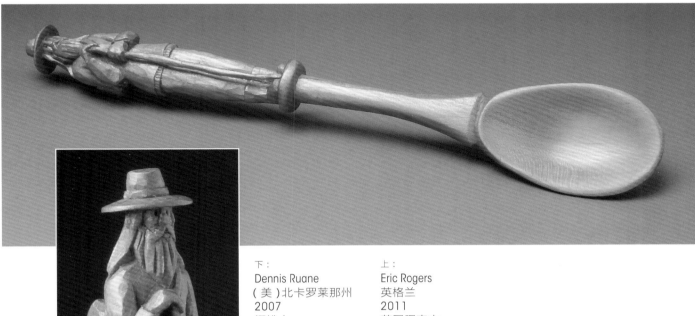

下：
Dennis Ruane
（美）北卡罗莱那州
2007
樱桃木

上：
Eric Rogers
英格兰
2011
英国稠李木

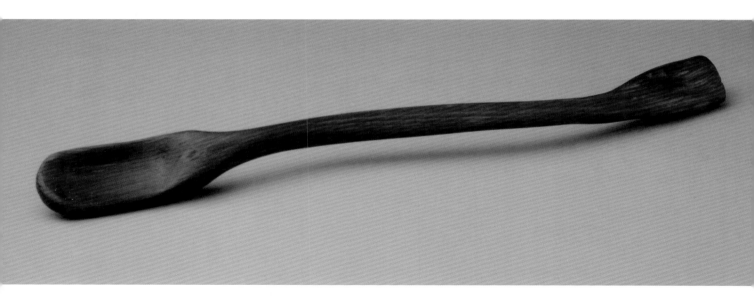

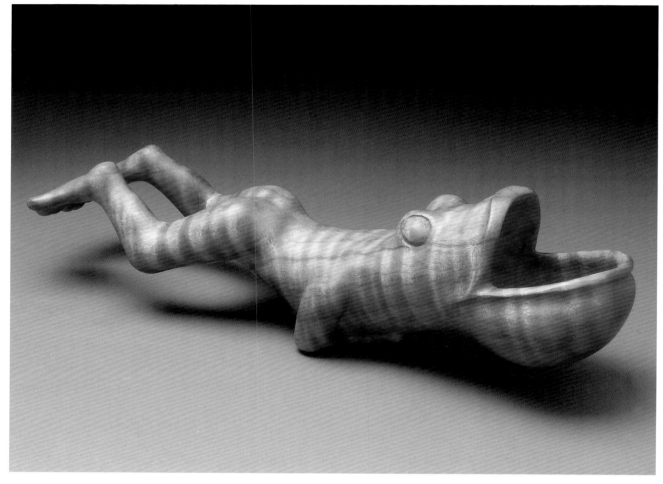

上：
Sebastián Ruiz y Pereira
智利
2012
山达木

下：
Jaimie Russell
加拿大
2009
虎纹枫木

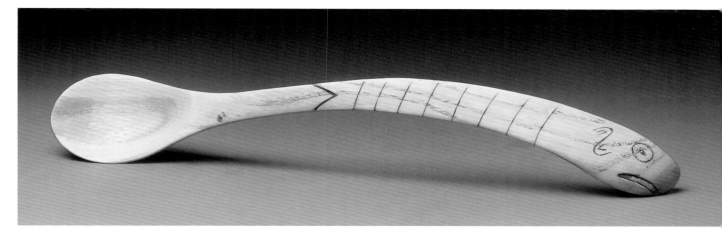

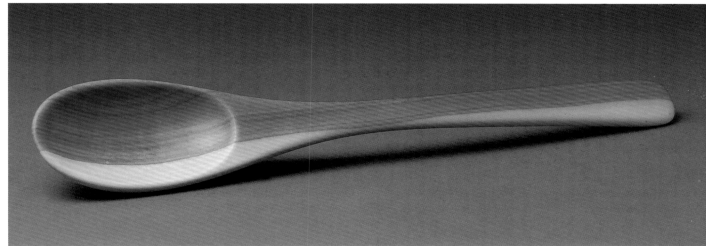

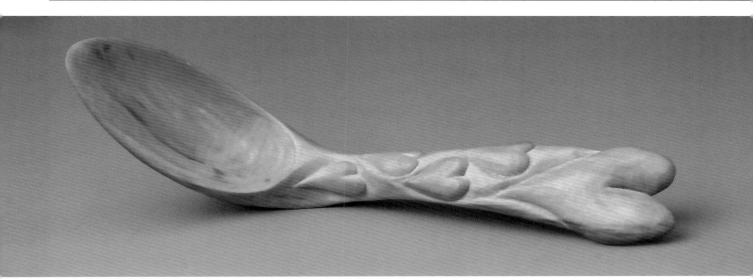

上：
Amy Sabrina
（美）明尼苏达州
2008
榔榆木

中：
Carl Sandstrom
（美）密苏里州
2007
苹果木

下：
Jim Sannerud
（美）明尼苏达州
2010
桦木

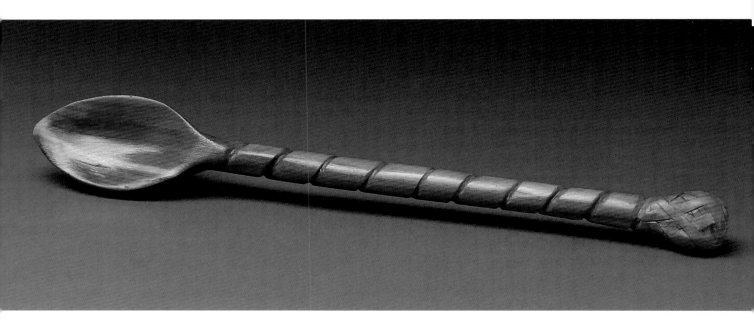

上：
Stanley Saperstein
（美）新泽西州
2006
红雪松

下：
Norm Sartorius
（美）西弗吉尼亚州
2006
缅茄瘿木

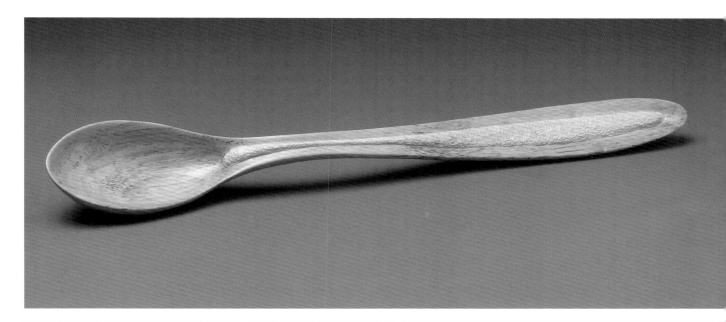

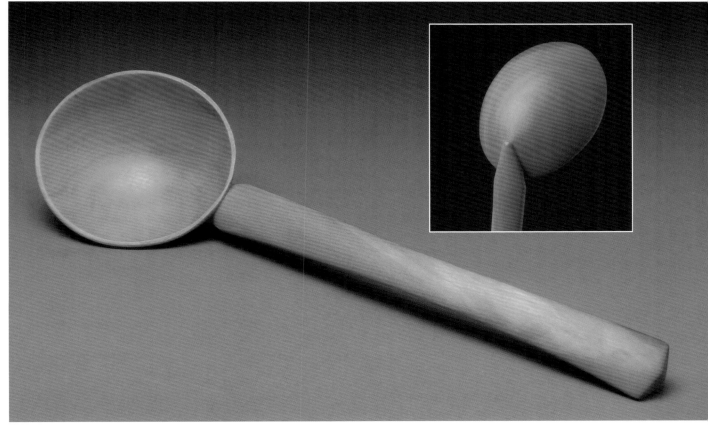

上：
Betty Scarpino
（美）印第安纳州
2008
柿木

下：
Kent Scheer
（美）明尼苏达州
2006
苹果木

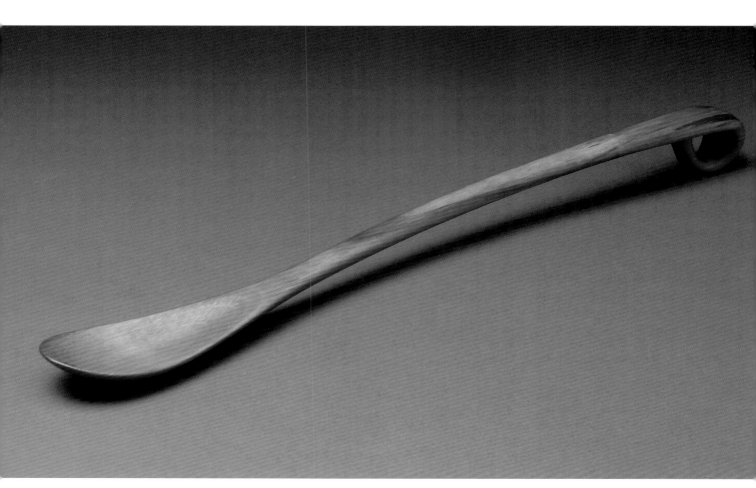

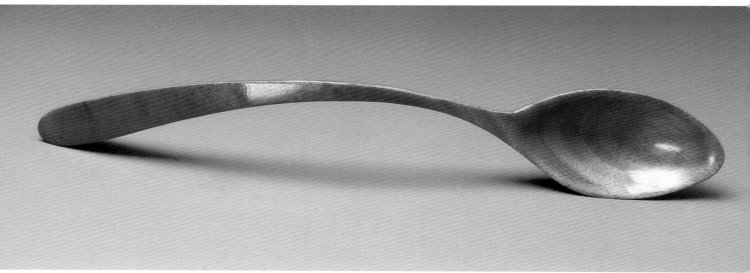

上：
Steve Schmeck
（美）密歇根州
2006
鼠李木

下：
Michael Schwing
（美）马里兰州
2009
桃花心木

上：
Patty Scott
（美）弗吉尼亚州
2007
椴木

下：
Nicolae Serban
罗马尼亚
2008
不详

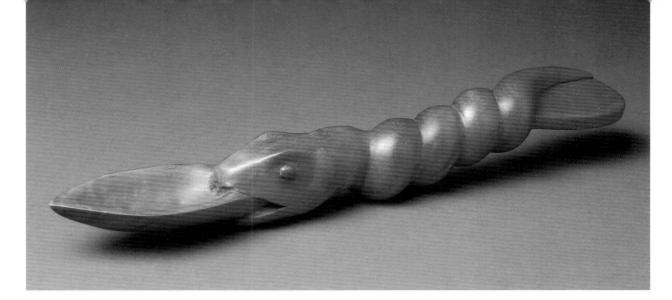

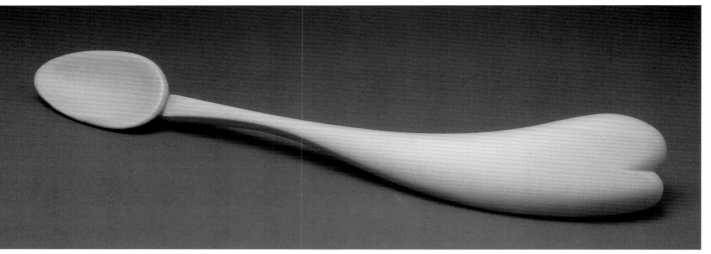

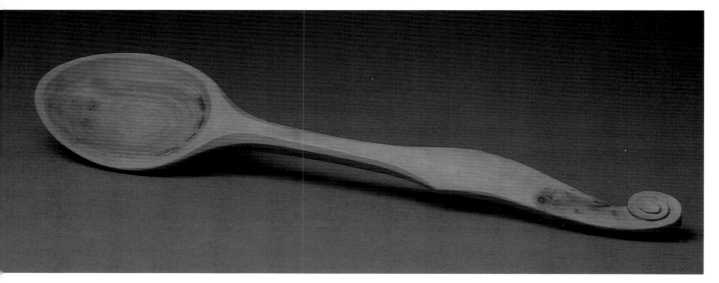

上：
Nik Sergeev
澳大利亚
2010
赤桉木

中：
Mark Sfirri
（美）宾夕法尼亚州
2007
阿拉斯加黄桧木

下：
Valdemar Skov
（美）缅因州
2008
苹果木

上：
Michael Smith
（美）宾夕法尼亚州
2006
桑橙木

中：
Ken Snook
（美）宾夕法尼亚州
2007
虎纹枫木

下：
Berte Somme
英格兰
2007
桑木

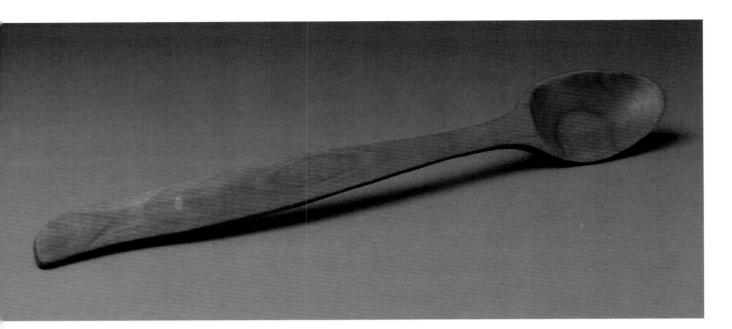

上：
John Spinney
（美）缅因州
2009
樱桃木

下：
Lebin St John
（美）加利福尼亚州
2007
紫杉木

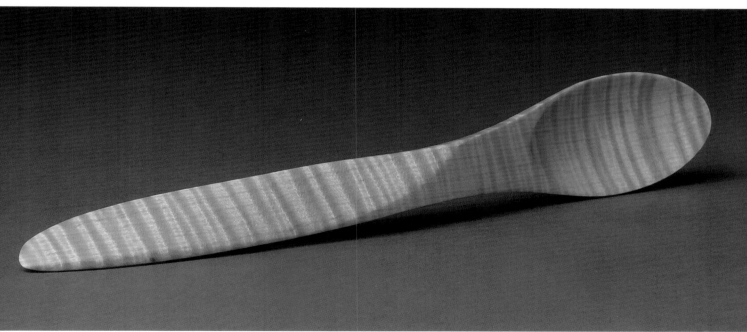

上：
David Stanley
澳大利亚
2011
藏木

下：
Mark Stanton
（美）宾夕法尼亚州
2010
虎纹枫木

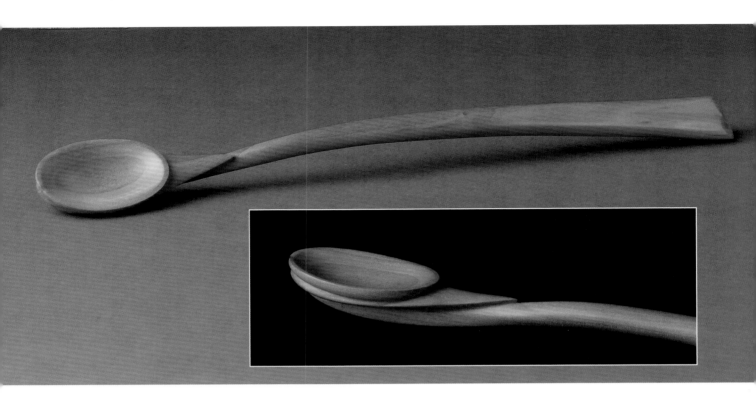

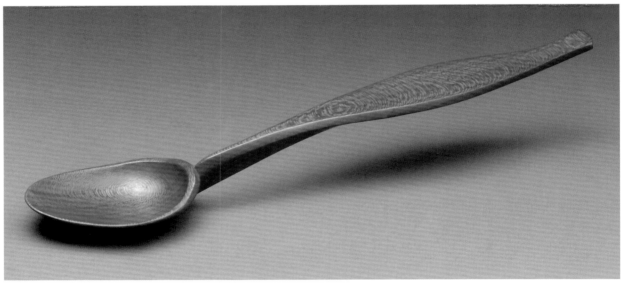

上：
Matthew Steet
（美）纽约州
2010
苹果木

下：
Del Stubbs
（美）明尼苏达州
2008
杏木

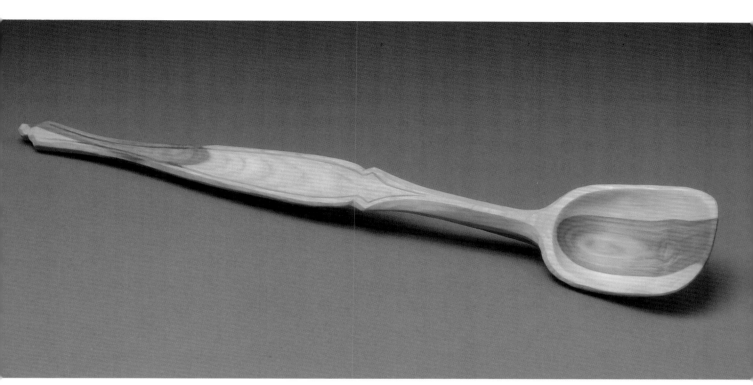

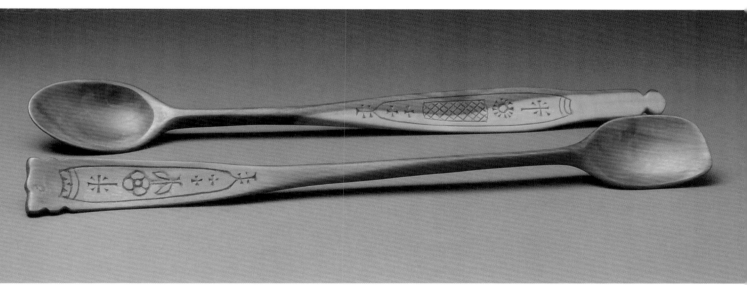

上：
Jögge Sundqvist
瑞典
2007
丁香木

下：
Wille Sundqvist
瑞典
2009
丁香木

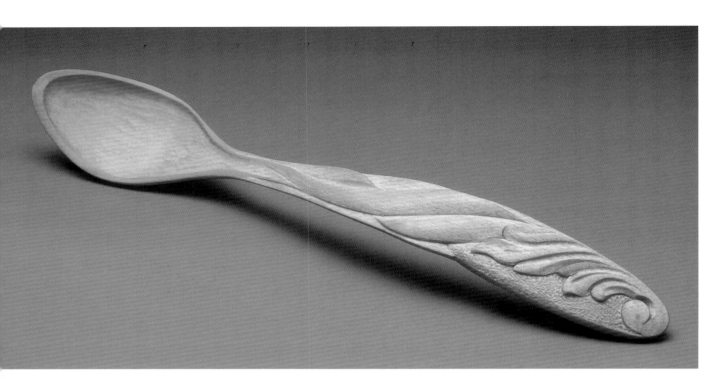

上：
Erno Szentgyorgy
（美）纽约州
2007
竹桃木

下：
Masonari Takeuchi
日本
2008
板栗木

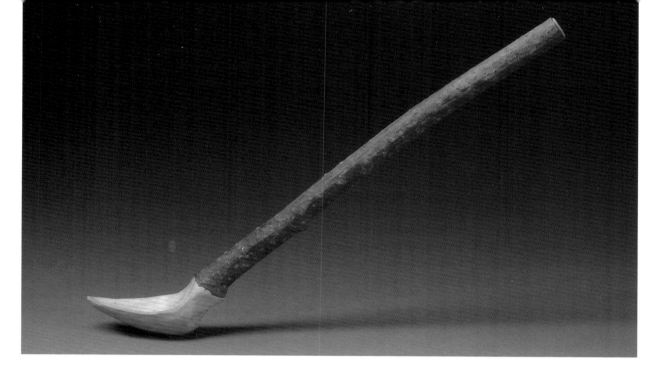

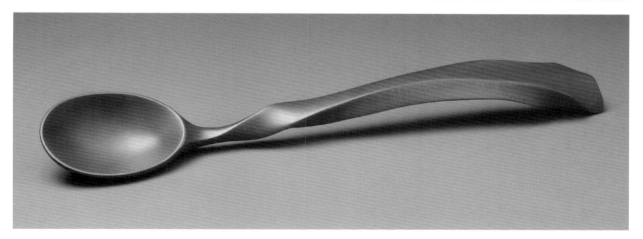

上：
Steve Tomlin
英格兰
2011
桤木

中：
Ian Tompsett
捷克共和国
2010
榛木

下：
Holly Tornheim
（美）加利福尼亚州
2006
浆果鹃木

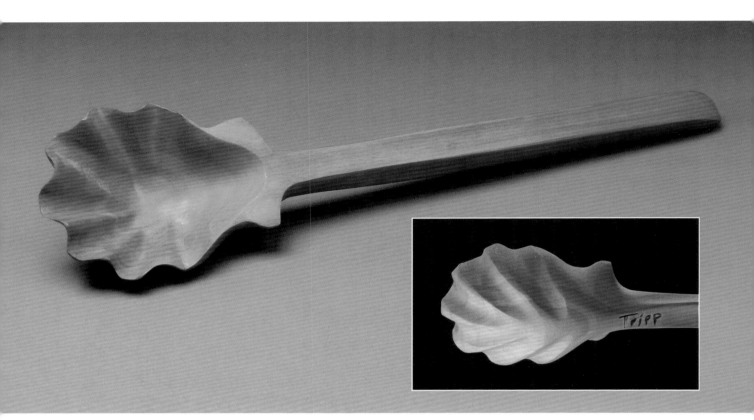

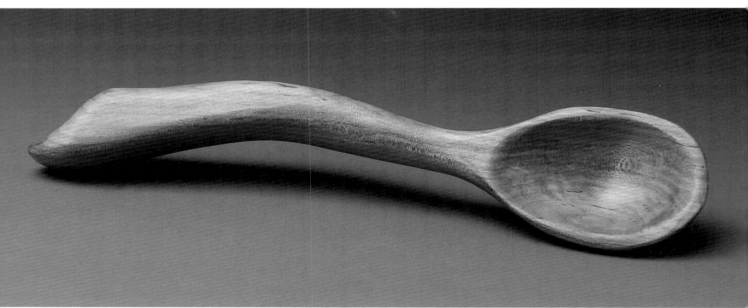

上：
Judy Tripp
（美）缅因州
2005
樱桃木

下：
Joshua Trought
（美）新罕布什尔州
2007
渍纹枫木

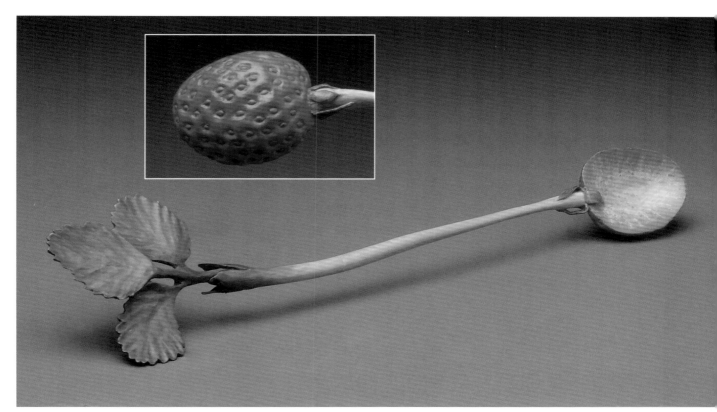

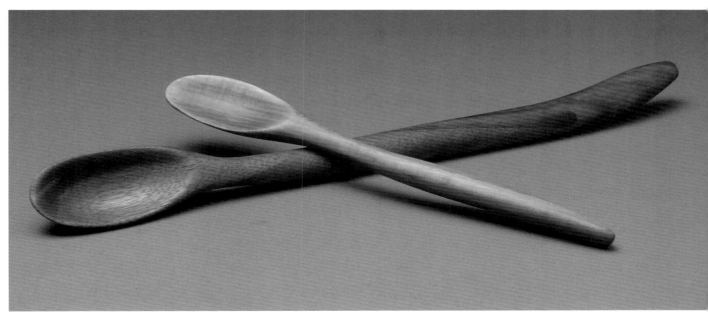

上：
Gerrit Van Ness
（美）华盛顿州
2009
黄杨木

下：
Randy Van Oss
（美）佛罗里达州
2006
核桃木

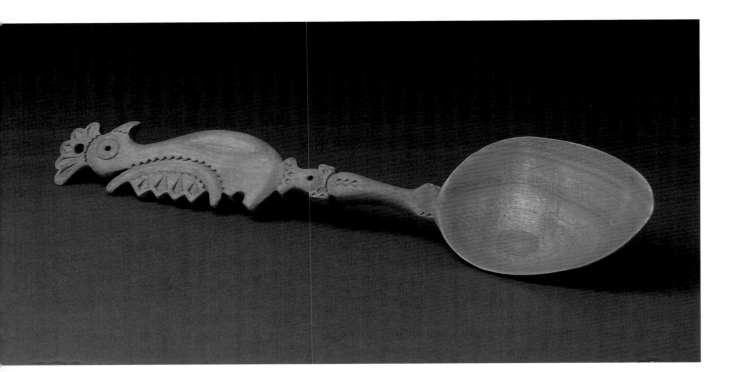

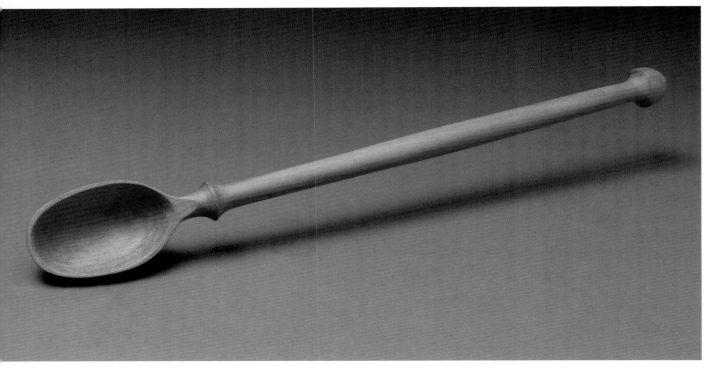

上：
Ene Vasile
罗马尼亚
2008
山毛榉木

下：
Dick Veitch
新西兰
2006
贝壳杉木

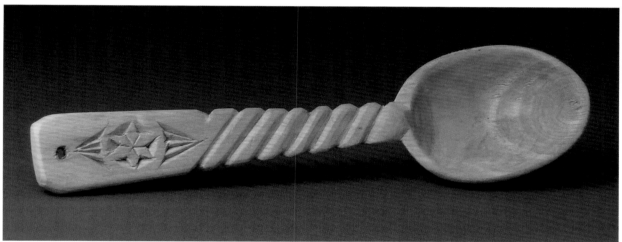

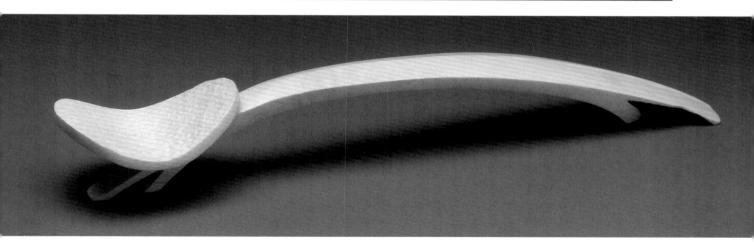

上：
Jacques Vesery
（美）缅因州
2010
皂荚木

中：
Martin Viorel
罗马尼亚
2008
樱桃木

下：
Amanda Wall-Graf
（美）俄勒冈州
2009
冬青木

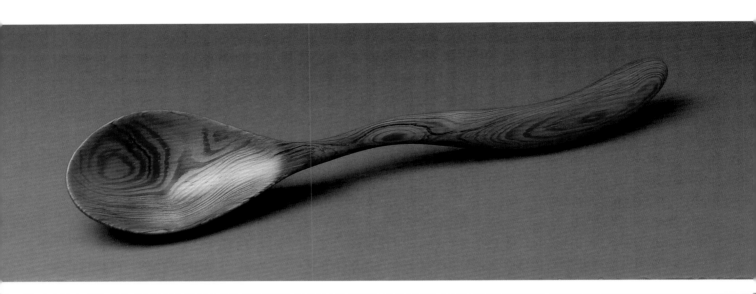

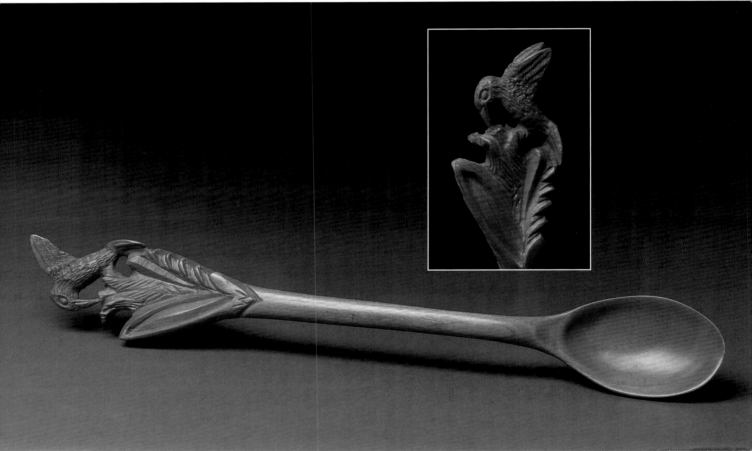

上：
Jason Weaver
（美）马萨诸塞州
2009
不详

下：
Rick Weaver
（美）西弗吉尼亚州
2008
北美鹅掌楸木

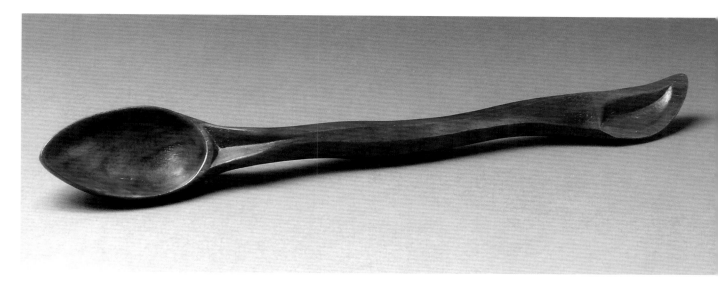

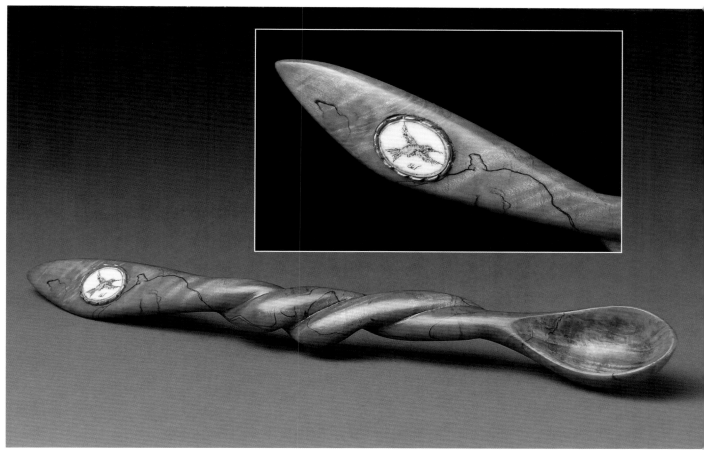

上：
Wes Weldon
（美）宾夕法尼亚州
2010
黑胡桃木

下：
Ed Wentzler
（美）宾夕法尼亚州
2010
渍纹枫木

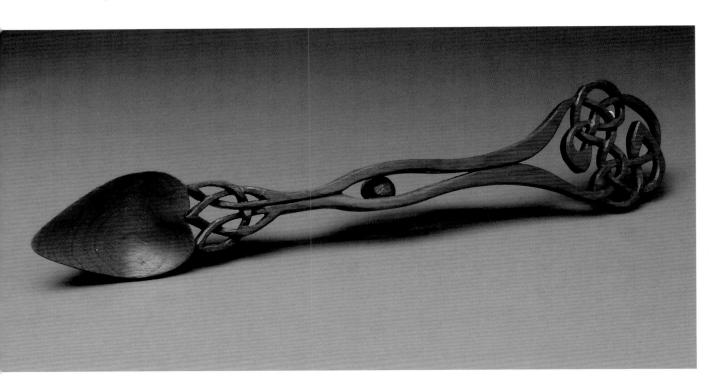

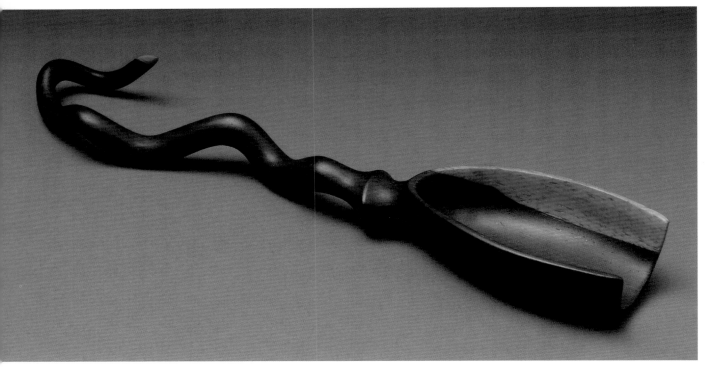

上：
David Western
加拿大
2006
黑胡桃木

下：
Jay Whyte
（美）田纳西州
2007
黄檀木

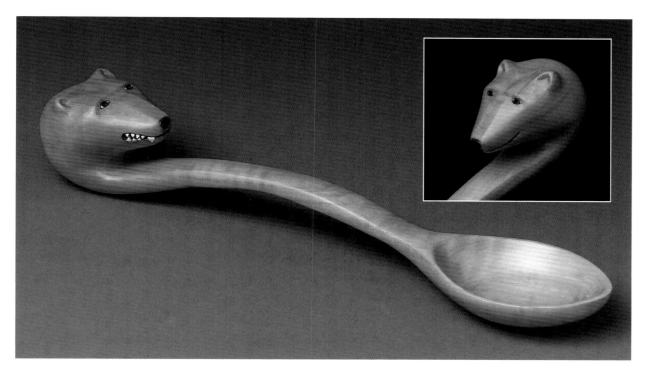

上：
Terry Widner
（美）佛罗里达州
2009
七叶木（马栗木）

下：
Charles Willard
纽约
2011
北加州黑胡桃木

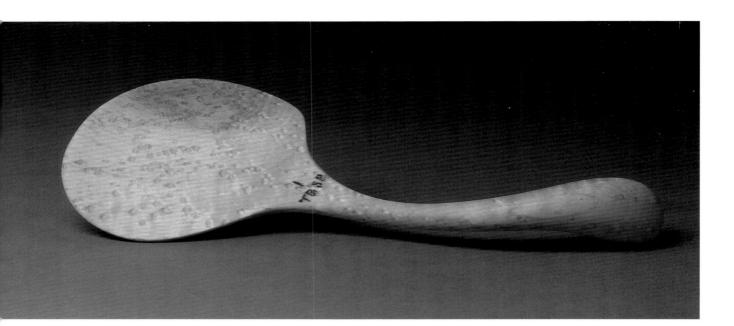

上：
James Wilson
（美）华盛顿州
2011
波纹枫木

下：
George Worthington
（美）纽约州
2009
冬青木

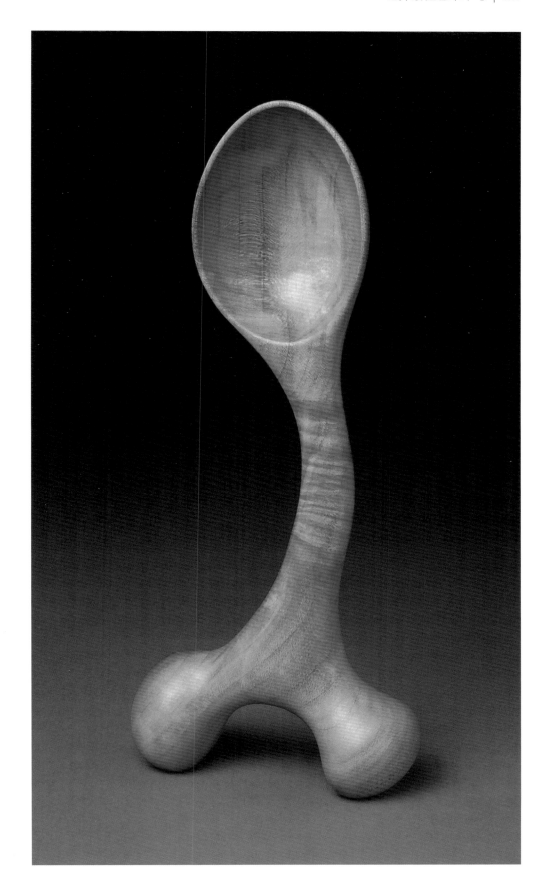

Frank Wright
（美）明尼苏达州
2010
枫木

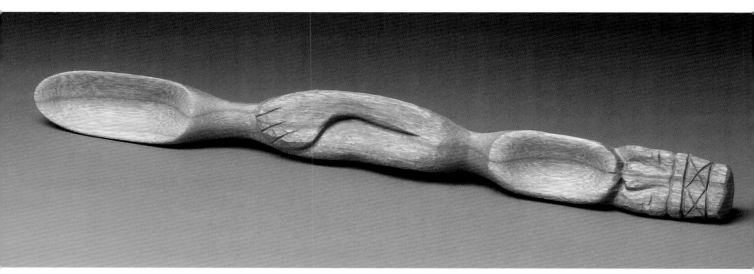

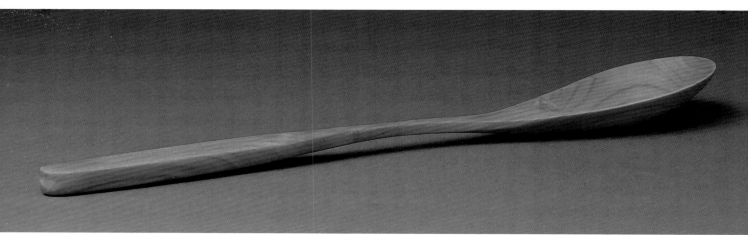

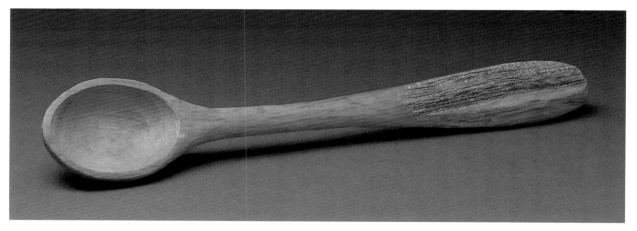

上：
Aki Yamamoto
加拿大
2006
樱桃木

中：
Alan Young
（美）马萨诸塞州
2008
丁香木

下：
William Zelt
（美）科罗拉多州
2006
狐尾松木

特别资料

在本书的写作过程中，我参考了大量的电子的、纸质的资料，对读者来说这些内容其实也很有趣，但一一列举出来显然不太现实，所以仅列出了有代表性的内容。以下资料对制勺人以及木勺和木材收藏者也很有价值。

灵感类图书

Murray Bail, *Eucalyptus*, Farrar, Strauss, and Giroux. 1998 (fiction)

William Coperthwaite, *A Handmade Life*, Chelsea Green, 2002

Roger Deakin, *Notes from the Walnut Tree Farm*, Penguin Books, 2009

Roger Deakin, *Wildwood: A Journey Through Trees*, Free Press, 2009

John Fowles, *The Tree*, Ecco, 2010

Jean Giono, *The Man Who Planted Trees*, Chelsea Green, 1985 (fiction)

Igor I. Gol'din, *Khorosha lozhka!* [The Handsome Spoon], Prosveshchanie, 1994

Harvey Green, *Wood: Craft, Culture, History*, Viking, 2006

Richard Horan, *Seeds*, Harper, 2011

勺子及制勺人资料

Paul Derrez, *Lepels/Spoons*, Galerie Ra, 2002

Ernest Hebert, *Spoonwood*, Dartmouth College Press, 2005 (fiction)

Hoezo Lepel?/What Do You Mean Spoons?, Museum Boijmans Van Beuningen, 2005

Tony Lydgate, *The Art of Elegant Wood Kitchenware*, Sterling, 1995

Dennis Ruane, *Wooden Spoons*, Hardwood Gallery Press, 2006 (fiction)

David Western, *History of Lovespoons*, Fox Chapel, 2012

树木或木材识别资料

C. Frank Brockman, *Trees of North America*, Golden Press, 1968

Thomas J. Campanella, *Republic of Shade: New England and the American Elm*, Yale University Press, 2003

Herbert L. Edlin, *What Wood Is That?*, Viking Press, 1969

R. Bruce Hoadley, *Identifying Wood: Accurate Results with Simple Tools*, Taunton Press, 1990

Charles Fenyvesi, *Trees*, Avon, 1993

Romeyn Beck Hough, *The Woodbook*, Taschen, 2007

John D. and J. M. Lorette, *The Wood Collection*, Rare Materials Press, 2001

North House Folk School, *Celebrating Birch: the Lore, Art, and Craft of an Ancient Tree*, Fox Chapel, 2007

Russell F. Peterson, *The Pine Tree Book*, Brandywine Press, 1980

Terry Porter, *Wood: Identification and Use*, Guild of Master Craftsman Publications, 2006

Tony Russell, Catherine Cutler, and Martin Walters, *The New Encyclopedia of American Trees*, Hermes House, 2005

David Sibley, *The Sibley Guide to Trees*, Knopf, 2009

Henry Stewart, *Cedar: Tree of Life to the Northwest Coast Indians*, Douglas & McIntyre, 1984

Diana Wells, *Lives of the Trees: an Uncommon History*, Algonquin Books of Chapel Hill, 2001

雕刻技巧类资料

Gwyndaf Breese, *Traditional Spooncarving in Wales*, Gwasg Carreg Gwalch, 2006

Dan Dustin, *Spoon Tales*, Dan Dustin, 2010

Herbert Edlin, *Woodland Crafts in Britain*, Batsford, 1949; David and Charles, 1973

Sharon Littley and Clive Griffin, *Celtic Carved Lovespoons*, Guild of Master Craftsman Publications, 2002

Rick Mastelli and Jögge Sundqvist, *Carving Swedish Woodenware*, Taunton Press, 1990

Dennis Shives, *Hand Carved Wooden Spoons*, Lulu, 2011

Judy Ritger, *Kolrosing with Judy Ritger Reviving a Lost Art*, Pinewood Forge, 2003

David Western, *The Fine Art of Carving Lovespoons*, Fox Chapel, 2008

Robin and Nicola Wood, *Wood Spoon Carving*, Stobart Davies, 2012

电子资料

本书中标出名字的制勺人都有自己的网站，上面有很多有用的信息，还可以看到他们全彩的作品。以他们的名字为关键词，很容易就能在网上搜索到对应的网站。

eBay (www.ebay.com)

易贝网上总是有相当数量的勺子，通常包括当代勺匠的作品以及较新的东西。

Etsy (www.etsy.com)

"Etsy"上提供各种当代手工制作的物品，包括勺子。另外还有与卖家联系和交换图片信息的方式。其委托商品可以保留给特定的个人。

Pinewood Forge (www.pinewoodforge.com)

这个网站保留了相关页面专门介绍一系列非常棒的勺子，上面提供了最全面的一站式资源，并可以链接到这些精美木勺的相关信息。

Country Workshops (www.countryworkshops.org)

跟许多类似的网站一样，"Country Workshops"上介绍了很多木工工坊信息，其中可能包括勺子雕刻的特定课程。

图片版权信息

以下作者的作品图片版权为美国木工协会所有，其余图片的版权为诺曼·斯蒂文斯所有。

Albert, Joseph	Hardt, Connie	Sannerud, Jim
Anderson, Jim	Helgager, Ray	Sartorius, Norm
Barrett, Abram	Hibbert, Louise	Scarpino, Betty
Binder, Jude	Hill, Jim	Scheer, Kent
Bizzarri, Elia	Hopkins, Rodney	Schmeck, Steve
Burke, Paul	Jensen, Paul	Schwing, Mike
Carlisle, Richard	Judkins, Vern	Sfirri, Mark
Chappelow, William	Klein, Rich	St. John, Lebin
Chilcote, Dennis	Latane, Tom	Stubbs, Del
Cologon, Ray	Lively, Deborah	Sundqvist, Jogge
Cook, Ronald	Livesay, Fred	Sundqvist, Wille
Coperthwaite, William	Loewen, Barry	Szentgyorgyi, Emo
Corbin, Martin	Manesa-Burloiu, Zina	Takeuchi, Masonari
Dahl, Jarrod	Mangalan, Harry	Tornheim, Holly
Delp, Jon	Manns, Ben	Tripp, Judy
Dangler, Tom	Marshall, Philip	Van Ness, Gerrit
Dustin, Dan	Pascal	Van Oss, Randy
English, Mark	Petrochko, Peter	Veitch, Dick
Fanelli, Deb	Pyne, Ainslie	Vesery, Jacques
Finkel, Doug	Randles, Dale	Wall-Graf, Amanda
Foltz, Frank	Ritger, Judy	Western, David
Free, Ken	Robishaw, Sue	Whyte, Jay
Garrett, Dewey	Ruane, Dennis	Widner, Terry
Gordon, Barry	Russell, Jamie	Worthington, George
Gorman, Rick	Sabrina, Amy	

特别资料

在美国和英国等许多国家和地区，有很多专门教授手工艺制作的学校，如上文介绍的国家工坊及明尼苏达州的北屋民间学校（The North House Folk School)等。还有一些生态组织，如佛蒙特州的大社区中心（Center for Whole Communities），偶尔会提供木勺雕刻课程，通常还会邀请到比尔·卡普特威特（Bill Coperthwaite）这样的知名教师来授课。

英国的文化遗产工艺品协会（The Heritage Crafts Association）介绍了来自英国的相关信息，很实用。像丹·达斯汀和巴里·戈登这样的个体勺匠，也可以为您提供很多相关信息，如果您想了解您所在地区的勺匠信息，可以找他们试试。

明尼苏达州米兰乡村艺术学校（MVAS），即The Milan (Minnesota) Village Arts School，由一批优秀的明尼苏达勺匠联合举办，每年在6月初举办为期2天的汤匙聚会。诺拉和我曾参加过一次早期的汤匙聚会，即使作为观众也感到很有趣，这是一次有益的经历。更多信息可以参阅MVAS的网站。

2012年8月，伯恩·卡德（Barn Carder）和罗宾·伍德（Robin Wood）在英格兰举办了第一届木勺展。雕刻木勺的国际性庆典活动，似乎注定要成为一件大事。有关2012年和未来计划的更多信息，请访问http://spoonfest.co.uk。

个人交流信息

正如前文所述，作为9英寸茶匙收藏活动相关文件的基本组成部分，我会提供一份目录，简要说明收藏的每把勺子及有关制作者的信息，如作品名称、制作者的地址、电话号码、电子邮箱及我已经验证过的制作者的网站等。收藏活动和目录完善工作，现在仍在进行中。目前我还没有计划以印刷或电子形式发布这些信息，但我通常会打印出这两份清单的最新版本，供相关的展览活动使用。我可以通过电子邮件，向任何人免费发送这些文件的最新电子版本。还可以提供这些文件的纸质版本，但相关费用将在印刷和邮寄时确定。

请发送请求到：normanstevens@mac.com，或者143 Hanks Hill Road, Storrs，CT 06268（860-429-7051）。